高等艺术设计课程改革实验丛书

彭韧 著

中国建筑工业出版社

图示表达
Design Sketch

图书在版编目（CIP）数据

图示表达 / 彭韧著. —北京：中国建筑工业出版社，2009
（高等艺术设计课程改革实验丛书）
ISBN 978-7-112-11572-3

Ⅰ.图… Ⅱ.彭… Ⅲ.工业产品—设计—高等学校—教学参考资料 Ⅳ.TB472

中国版本图书馆CIP数据核字（2009）第209501号

责任编辑：陈小力　李东禧
责任设计：崔兰萍
责任校对：袁艳玲　兰曼利

高等艺术设计课程改革实验丛书
图示表达
Design Sketch
彭韧　著
*
中国建筑工业出版社出版、发行（北京西郊百万庄）
各地新华书店、建筑书店经销
北京画中画印刷有限公司印刷
*
开本：889×1194毫米　1/20　印张：8⅕　字数：244千字
2010年1月第一版　2010年1月第一次印刷
定价：**46.00元**
ISBN 978-7-112-11572-3
　　　（18809）

版权所有　翻印必究
如有印装质量问题，可寄本社退换
（邮政编码100037）

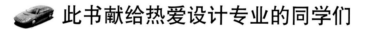 此书献给热爱设计专业的同学们

代 序

近几年来,我国艺术设计的教材出版迈入了一个前所未有的"高产期",引发了业界不少担忧。笔者认为,这是我国艺术设计教育近30年来发展的一个必然趋势,是艺术设计教学改革不断向成熟期发展和转变的一个特殊阶段。

艺术设计教育与许多理工学科教育有很大的差异性,这主要源于艺术设计专业知识、能力结构的交叉性与整合性,以及艺术设计认知规律的感性化、个性化等特征,这些体现在教材编写和使用上自然呈现出多元性和选择性的特点。当然,在这个特殊时期,我们一方面要大力支持一线教师勇于探索、不断创新的实践活动和教学成果的教材转化,鼓励他们编写和出版更多具有示范性的教材;另一方面要克服"急功近利"心态和"大而全"的面子工程给教材建设带来的不良影响,齐心协力,推动我国艺术设计教育朝着更加健康、成熟的方向发展。

5年前,《高等艺术设计课程改革实验丛书》推出期间,中国艺术设计教育改革正处在从宏观层面向纵深领域发展的阶段,丛书的出版对时下课程改革的实践和教材编写产生了积极的影响。此批丛书既有新增图书,也有在过去已发行的丛书中挑选出关注度较高、反映较好的经过修改和充实再版推出的几册,但愿能同5年前推出的那样得到大家的认可。

在这批新版丛书推出的过程中,我为中国建筑工业出版社多年来对艺术设计教育的大力支持而感慨,为编辑们的敬业精神而感动,真诚地感谢他们对艺术设计教育事业所作出的贡献。

江南大学设计学院 教授 叶苹

2008年8月于青山湾

前言

　　信息时代是个速度的时代，有句话说得很形象：这年头不是大鱼吃小鱼，而是快鱼吃慢鱼。这个时代一切都在追求速度，文化、教育也在这种节奏的带动下步入了适者生存的竞争轨道，于是急功近利、漠视传统、轻视基础教育的现象成了我们不可回避的现实，并引发出一系列教学改革的争议。就像当年讨论素描、图案教学一样，效果图成了争议的焦点。争议之一，手工效果图是否还需要？手工花工费时，不如电脑图好，画了也没用，建议废除效果图课。之二，要改革内容，去除传统手工表现，强化草图表达和计算机表达。

　　之所以有这种呼声，是我们过去对效果图在教学中的地位没有准确定位的缘故。业内人士都知道效果图因有商业价值曾被捧得过高，脱离了它只是基础课的本质。今天设计表现的多元化，使它的商业地位下降了，但它作为基础课的地位是不可动摇的，这与素描课一样，是基础教学不可缺少的环节，效果图应回归它的本来面目了。

　　效果图只是图示表现手段之一，与快速表现、图文表现、符号表现等同属图示表达的内容。本书以效果图表现和快速表现为重点，对图示表达的方式方法作了简要介绍。内容以课程结构为主线，本着打基础的原则，对形体表现、材质表现和表现步骤作了详细的分析说明，以周为单位，每周一个重点。图例大部分为本人讲课时的现场示范作品及学生作业。本人在从事效果图教学的20年中，经历了效果图教学改革的所有变迁，如今它的作用在业内已取得了广泛共识，即：有效利用各种手段，将手绘与计算机进行完美结合，相互依存，取长补短。今天呈现给大家的是近年来的教学方案，侧重于计算机二维效果图的表达，以此与大家共同探讨设计表现的发展方向。

此书是在《图示设计》一书的基础上，经过反复的修改补充完成的，有了大量的计算机绘图的新图例，读者需要有Photoshop软件的基础，在解说中重点说明绘图的方法，对软件的使用基本不作介绍。

彭韧

2009年9月

于浙大求是园

目 录

代序

前言

第一部分 设计的表现与分类 …………………………………………… 001

一、设计的表现与分类 ……………………………………………………… 002

二、图示表达的范畴 ………………………………………………………… 005

三、草图——思维过程的表现 ……………………………………………… 005

四、效果图——设计结果的表现 …………………………………………… 006

五、效果图的发展与现状 …………………………………………………… 008

六、效果图与绘画 …………………………………………………………… 010

第二部分 设计表现基础 ………………………………………………… 013

一、色彩基础 ………………………………………………………………… 014

二、速写与素描 ……………………………………………………………… 018

三、透视、构图、明暗 ……………………………………………………… 019

四、背景、环境、空间与参照物 …………………………………………… 024

五、工具与材料 ……………………………………………………………… 026

第三部分　形体、材质、技法表现训练 …………………………………………… 031
　训练一：长方体・亚光材质・直面造型产品的表现、视图效果图表现 ………… 032
　训练二：圆柱体・光泽材质的表现 ………………………………………………… 053
　训练三：曲面体・玻璃材质・色粉——马克笔画法 ……………………………… 068
　训练四：倒角・底色高光画法（刷底）…………………………………………… 086
　训练五：组合形、装饰图文・橡胶、皮革、纺织物・色纸高光画法 …………… 101
　训练六：自然景物、参照物・石材・效果图综合表现 …………………………… 115

第四部分　设计创意与快速表现 ………………………………………………… 133
　一、艺术创造思维与快速表现 ……………………………………………………… 134
　二、图示设计符号 …………………………………………………………………… 136
　三、快速表现技法 …………………………………………………………………… 139

　后记 …………………………………………………………………………………… 153

第一部分　设计的表现与分类

一、设计的表现与分类

二、图示表达的范畴

三、草图——思维过程的表现

四、效果图——设计结果的表现

五、效果图的发展与现状

六、效果图与绘画

课时：2

注：本书作为教材使用，学时分配是按浙江大学的教学体系安排的，共8周，每周8学时，共64学时。若总学时数不够，可将训练一、二合并，训练四、五合并。

一、设计的表现与分类

文学家用语言文字来表达自己的情感、承载自己的思想,舞蹈家用形体动作来传达情感,音乐家用音符和旋律来表现自己的主观世界,画家则靠画面来再现自己的精神领域,无论形式如何,他们都有个共同点:将抽象的思想内容,运用一种信息载体,进行传达和表现,这种信息载体可以是一种视觉符号、语言符号、听觉符号或联觉符号,它承载了表达者的思想感情、主观感受、创造意识、目标追求和精神意志。

设计师的设计活动是一种创造活动,在设计过程中不停地进行着分析、判断、综合、推理等思维活动。设计最终都要将这些过程和结果记录下来并传达给第三者,让别人了解设计意图和思想。对设计师来说,承载这些设计思想的信息载体较为复杂:有图形符号,有文字语言,有关系表格,有色彩标志等,但最直接、最常用的表现方式是视觉符号。因此研究图示设计是设计行为研究的重要组成部分,研究视觉语言符号及其表现方式,对准确有效地表现设计思想具有重要意义。

设计的表现是产品设计体系的重要组成部分,产品的表现不同于艺术作品,它有艺术表现的特征,同时又有工程技术表达的属性,在表现的方式和内容上也具有多样性,通常有语言式、数字式、图表式、图板式、图画式、图面式、立体模型、类似物和原型物,有的是设计阶段的需要,有的是生产阶段的需

不同的艺术表现形式

各种表现手段在设计不同阶段的地位

序号	表现种类	基础构思设计阶段	应用性设计及其生产
1	语言式		
2	数字式		
3	图表式		
4	图板式		
5	图画式		
6	图面式		
7	立体模型		
8	类似物		
9	原型物		

各种表现手法的性质与作用

设计程序	1. 计划							2. 定性				3. 构思展开					4. 表现											5. 传达								
表现手法	(1)计划书、口头说明	(2)概念图、模式图	(3)指向性草图、草模	(4)机能试制图	(5)讲解	(6)心象性草图	(7)图表、资料	(1)记忆性草图	(2)观念性草图	(3)概略草图	(4)概略草模	(1)概略草模	(2)概略草模	(3)缩尺模型	(4)实验模型	(5)CAD	(1)外观	(2)预想图	(3)观摹性模型	(4)色彩计划	(5)设计说明书	(6)电影、幻灯、录像	(7)分解图	(8)说明性资料、图表	(9)材料样本	(10)实验数据表	(11)口述说明	(1)外观	(2)观摹性模型	(3)各种说明书	(4)色彩样本	(5)说明性报告书	(6)底稿	(7)广告、展示物	(8)商业服务性指令	(9)其他
设计师的创造力		(2)	(3)			(6)		(1)	(2)	(3)	(4)	(1)	(2)	(3)	(4)	(5)	(1)			(4)																
表现	(1)	(2)	(3)	(4)	(5)	(6)	(7)			(3)	(4)	(1)	(2)	(3)	(4)	(5)	(1)	(2)	(3)	(4)	(5)	(6)	(7)	(8)	(9)	(10)	(11)									
审定	(1)	(2)	(3)			(6)				(3)	(4)						(1)	(2)	(3)	(4)	(5)	(6)	(7)	(8)	(9)			(1)								
宣传																												(1)	(2)	(3)	(4)	(5)	(6)	(7)	(8)	

要，在产品设计阶段和应用生产阶段，它的作用和地位是不同的。

将表现手法细化，对应于不同的设计阶段，各种表现手法的性质与作用，就能清楚地展现出来。

由此可见，设计中的表现手段大致可分四大类：文字类、图形类、模型类和多媒体类。文字类是指语言、数字等以文字为主要方式的表达，设计中的计划书、说明书、口头陈述、文字表格、资料、报告等，在设计的各阶段均使用到。图形类是指以图形为表达方式的一类表现手段，是设计表现的核心内容，主要包括创意阶段的各类概念图、草图、图表，表现阶段的预想图、效果图、分解图、工程制图。模型类是指以三维模型的形式来表现设计的一类表达手段，主要有计算机三维电子模型、实体研究模型，各种草模、半工作模型、仿真模型、样机等。多媒体类是指利用计算机及其他媒体技术来进行设计表现的一类表达手段，如：计算机动画、电影、幻灯、录像等。

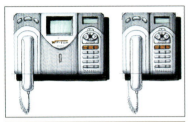
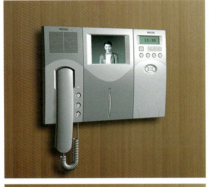

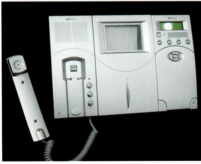
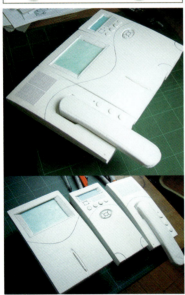

产品开发不同阶段的表达形式（草图、效果图、草模、计算机效果图、样机模型）

这四类表现手段将设计完整、清晰、准确地记录和表现出来，它们不是孤立地存在的，是适应设计的具体需求应运而生的，每种手段的针对性不同，都有存在的价值，但都有局限性，如文字是抽象的，描述产品不直观；图形很直观但描述三维空间、表现体量感却很麻烦；三维电子模型能很好地表达空间视觉效果，但触感的表达很困难；实物模型是最理想的表达手段，但成本很高，花工费时，且不便修改调整，所以设计中的表现需要多种手段并用才能完整表达。这些表现手段运用也不是面面俱到的，而是根据需要为我所用。

在高校教学中，因没有生产制造的压力，也受各方面条件所限，一般注重于展示效果的表达。因此，快速表现图、效果图、工程制图、电子展示模型、半工作展示模型、展示版面和以调研分析为主的设计报告就成为了主流的表现手段，参数化电子模型、实物样机等工程技术含量较高的表现手段一般都弱化，这也是无可厚非的。但在高校教育中对于表现手段的选择往往偏重于展示效果较好的——电脑效果图，而忽视了设计中能促进问题解决、创意挖掘的一些表现手段，如概念草图、研究性草模等，这已是普遍存在的现象。尽管本书是研究图形表达的,但对待设计表达要有正确的认识。

二、图示表达的范畴

图示表达是研究如何以图形语言来精确地表现设计的一个现实课题。即上述提到的图形类表现手段,但不包括工程制图。图示表达就其本质来说是用图形传达设计思想、交流信息,就其功能作用来说,它有记录和传递信息两方面。这两方面分属不同的设计阶段,有不同的目的和要求,一个重在记录过程,一个重在表现结果。直接的形式就是草图(及相关符号语言)和效果图。

三、草图——思维过程的表现

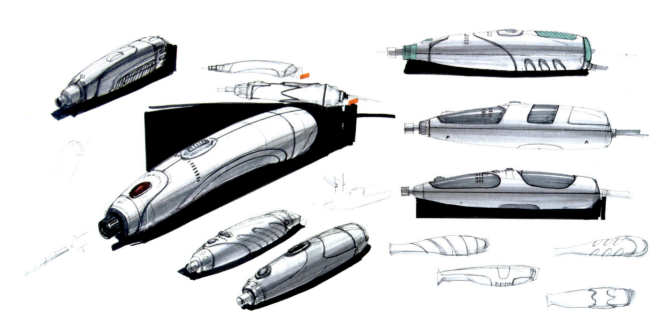

设计草图

记录过程阶段的表现，因设计思维有间断性、瞬时性、不完整性、随机性、不确定性和概念性，所以表现的手法是多种多样的，局部、简单、潦草、不规范、随意、概略、不择手段是这个阶段表现的特征。通常的表现方式有：简单的关键词描述、特征记录（语言或符号）、记忆性草图、观念性草图、概念草图、概略草图、心象性草图、推理——研究性草图（结构关系图、形体组合关系图）、关系图表、色彩标志和各种辅助性符号。

体现过程的草图一般是画给自己看的，或用于同行之间的交流。它起到一种省略语的作用，往往几根线条、几个符号就能表达意义，所表达结果自己能懂就行。设计中，设计师的思维快速运转，有的念头转瞬即逝，灵感的闪现跳跃不定，如果捕获不及时，很难再现，同时思维又有连贯性，有时中断思维会使设计难以继续。正因为这样，要求我们在概念表达阶段不要拘泥于形式，要以习惯的方式及时记录，无论语言还是符号，这时如果专注于表现形式，关注线条是否流畅、空间关系是否准确，必然中断思维，错失良机。因此，简练、快速是这个阶段表现的基本要求。

本人曾听说国外设计公司的设计师能在一天内画100多个草图，非常惊讶，又亲眼所见飞利浦公司的设计师在一小时内画了20多个草图，让我感受到什么是设计的效率。但冷静下来想这种草图远不是我们心目中的"表现图"，画得很简练，细节很少，准确地说它是个"符号"。表现的速度固然重要，但盲目地追求速度也是个误区，因为评判设计的标准是解决问题的质量和方式而非方案的多少。兼顾数量与质量才是正确的态度，方案数量是用来激发我们思维强度的一种手段。

四、效果图——设计结果的表现

用于表现设计结果的图就是我们常说的效果图，也叫设计预想图。这个阶段的表现因设计已基本定型，各要素的定位已基本落实，需要将设计结果：造型、色彩、质感、结构、空间感等明确地表达出来，使人一目了然。效果图要求具有准确性、真实性、完整性、规范性和传达性，表现方式有色粉、马克笔、水彩、水粉、喷绘等由各种材料和工具组成的绘画技法，现在多为电脑绘制。

效果图，一方面是设计师对自己设计效果的检验，另一方面是用于传达设计意图、展示设计结果，主要是画给别人看的。效果图在今天已是大家熟悉的表现手段，当设计进入表现阶段后，就要用大家最为熟悉的语言来描述了。"真实感"的追求是效果图表现的最终目标，"严谨性"成了效果图表现的主要特点，工程技术上的要求也让效果图成了理性化的产物。结构清晰、质感逼真、造型完善、色彩准确成为评判效果图的标准。效果图将成为所有人都能看懂的设计。它不像草图那么隐晦，也不像工程制图那么专业化，效果图是设计阶段最容易被评价的对象。正因为如此，效果图被提到了一个非常的高度，被社会异化为一种设计的象征，认为搞设计就是画效果图，在某些设计招投标领域，它被演化为夺标的利器，社会上也出现了一批职业"效果图高手"，专门从事效果图绘制，尽可能地美化设计，甚至夸大设计，设计本身倒成了效果图的附属品。这种现象的出现与效果图表现的直观性被广泛认同有直接关系，方案评判者更多地认同自己能"读懂"的内容。漂亮的效果图能提高中标率。

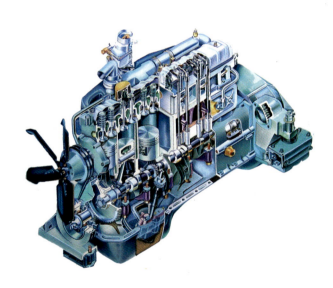

展示结果的效果图

计算机渲染效果图

因为有这样的社会需求，在高校的设计教育中，重视效果图、强化效果图成了普遍现象。艺术院校自不必说，在工科院校对效果图的重视曾一度使之成为最主要的专业课程，安排了大量课时用于训练绘画基本功，但终因学生绘画技能所限，收效不大。今天计算机效果图逐步取代了传统的手工效果图，于是大家又把精力投入到计算机效果图（建模加渲染）上，效果图表达的瓶颈终于有了一定的突破。设计的异化虽得到了一定程度的纠正，但仍然没摆脱重表现结果轻设计过程的怪圈，到今天当看着所有的设计都以相同的方式展现在我们面前，分不出中专、本科还是研究生的作品时，终于喊出了"改变设计同质化"的声音。确实，设计同质化现象是我们长期把表现等同于设计的后果，效果图到了应该回归其本来面目的时候了。

五、效果图的发展与现状

效果图自20世纪80年代初被引进到国内，经历了一段时期的启蒙发展，到80年代中期，经国内一批设计师的研究探索，并结合自身的实际，找到了一种适合于国内现实的表现技法，多以水彩、水粉为主，并形成了一套较为成熟的表现技巧。到90年代中期，这些技法得到了广泛推崇，并结合喷绘技法，形成了一套具有极强表现力的综合手段，同时以清水吉治为代表的色粉+马克笔的表现技法风靡全国，这一时期也是手绘效果图的鼎盛时期。90年代中后期，随着计算机软硬件的升级换代，计算机处理手绘效果图、平面设计软件绘制效果图、计算机建模渲染效果图渐渐取代了原手工效果图。2000年至今，随着计算机技术的进一步发展，手工效果图已被快速表现和计算机建模所取代。许多高校的效果图课在内容上基本都是"草图加计算机效果图表达"，有的甚至将名称改为"设计思维表现"、

"快速表现"等，传统手工效果图的观念彻底被颠覆。然而以草图绘制为重点的"快速表现"却迎来了春天，2005年以来以刘传凯为代表的草图表现方法凭借极强的工程性和绘画性成为了设计表现的主流，成为了许多高校的效果图教材。在设计界，手工快速表现图也以一种更简便、更快捷的表现方式再次流行起来。现在更多的有着鲜明风格特点的表现技法纷纷涌现，呈现出了多元化的格局。

但是在现行的课程内容上，纯粹的"快速表现"又碰到了新问题：一是快不起来，一快就乱；二是深不进去，形体表现极不到位。这让许多从事效果图教学的教师困惑不已，埋怨学生基本功差，其实这是物极必反，效果图靠的是造型基本功，要有速写、透视、结构素描、色彩等基础作铺垫。快速表现其实是传统手工效果图的简略画法，或叫省略画法，如果是本身就没有的东西，你如何来省？我们的教学也许过于功利了。加强基础教学、加强实践训练将是长期的任务。

现在设计表现大致形成了三大体系：一是草图、快速表现；二是用平面软件（Photoshop、CorelDraw、Corel Painter）绘制的电脑效果图；三是用三维软件建模渲染（Rhinoceros、Cinema4D、3dsMax等）生成的效果图。

本人自1985年进入江南大学以来就很热衷于效果图表现技法的研究，走入教学岗位后也一直从事效果图教学。经历了其间所有的教学改革变迁，也曾将计算机效果图和快速表现作为主要教学内容，但始终存在着上述问题。后来我们将传统效果图重新引入，并将快速表现作为最后教学内容，结果大为改观，学生的快速表现能力令人刮目相看，于是形成

快速表现图

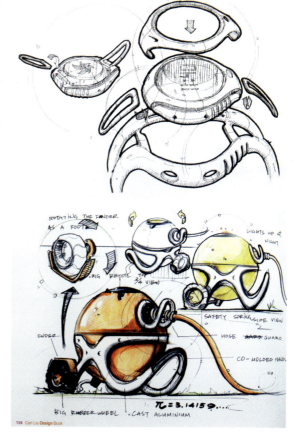

刘传凯作品

了今天在工科院校中行之有效的教学方案。

六、效果图与绘画

效果图不同于绘画，绘画是一门纯艺术，表现的是精神世界，追求的是艺术效果，画面反映的是艺术家的艺术理念，画面的形式与情感的交融就是追求的最终目标。如中国画追求意境，讲究用笔、用墨和布局，表现物体要介于似与不似之间；油画追求动人的情调、丰富的色彩和独特的构图，更多的是个人感情的抒发。而效果图则属工业设计范畴，以客观事物作为表现的依据，以真实表达设计的面貌作为追求的目标，目的是让别人能看懂，要求具体、真实、理性，不允许夸张、变形，二者的区别是显而易见的。

但二者的关系又是密不可分的。它们都是一种信息的载体，都是一种视觉语言，二者在表现上都需要有造型基本功，在形、色、质的表现上是一致的。所以一个人绘画功底是否扎实，直接影响到效果图的表达能力。同时，二者在审美表现上也有共同之处，效果图始终存在着轻快简洁的现代美，在画面处理时，形式美的应用、色彩、构图、虚实、强弱的表现，都来源于绘画的基础训练。但出色的画家并不一定能画好效果图，效果图是理性的、有制约的，随心所欲的描摹不是效果图的表现方式。在工业设计的大前提下，巧妙地结合绘画的技巧，借鉴绘画的表现力，才是效果图正确的道路，也是设计表现应有的绘画观。

效果图不同于绘画的另一个特征是它有更强的现代感和程式化规律。艺术创作最忌讳的是程式化操作，艺术一旦失去创造就失去了生命。效果图则不然，程式化程度越高，可读性越强，它

绘画作品与效果图作品

是规律性很强的一门技术。效果图的色彩单纯明快，形式概括整齐。由于有很强的理性色彩，绘制的方法、步骤都较为刻板，线条均用工具仪器辅助绘画，平面、立面、倒角、弧面和光线处理，都有"规定画法"，所设置的参照物、环境等因素都是统一的、规范的，不像绘画那样可随意发挥。这种规范化注定了其表现的规律性，规律一经掌握，表现的问题就迎刃而解了。

效果图的程式化规律是可以挖掘和总结的。长期的实践和探索，使我们在教学中渐渐形成了一套行之有效的程式化方法，这对于长于逻辑思维和抽象思维的工科学生尤其有效。因此，掌握效果图表现并不难，在后面的课题中我们将逐一学习这些方法。

第二部分　设计表现基础

一、色彩基础

二、速写与素描

三、透视、构图、明暗

四、背景、环境、空间与参照物

五、工具与材料

课时：6

技巧都是按科学的方法，经过长期艰苦训练获得的，要练好设计表现图，除了勤于动笔外，还得掌握必要的绘画造型基础知识及表现方法。这些基础有的属于工程图学，有的属于绘画表现，下面我们将这些内容作简要介绍。

一、色彩基础

对色彩的认识有两大体系，一个是偏重于色彩理论研究及其应用的设计色彩，一个是偏重于色彩感觉训练的写生色彩。前者形成了今天的"色彩构成"理论，后者形成了"写生色彩"理论。这两者对设计表现来说都是必不可少的基础知识和技能，二者的目的不同但内在是相通的，掌握了色彩理论可以更好地感觉色彩；而有了对色彩的感性认识可以更深入地理解色彩。

色彩是由光线产生的，光谱中有红外光、紫外光和可见光，可见光处于红外光与紫外光之间。我们看到的色彩，其实是物体吸收了一部分光波，将没有被吸收的反射出来而产生的。这部分被反射出来的光形成的"色光"，就是我们看到的物体的色彩。人的视觉色彩感应细胞能感应可见光的色彩。人的色彩感觉是色彩感应细胞受光波的刺激后，将信息传递到大脑中形成的"映像"，所以色彩的本质是光，色彩是光的混合。人的色彩感觉是对光的反应结果，通过光学分析，红、橙、黄、绿、青、蓝、紫为可见光，波长范围在380～780 nm之间。

1. 色彩的对比与调和

色彩的差异形成了对比，任何一组色彩都能产生对比与调和关系，都能使人产生不同的感受。对比与调和既是一种心理现象又是一种应用手段，研究色彩必须掌握这种规律和方法。色彩对比的因素很多，一般有色相对比、明度对比、纯度对比、冷暖对比和面积对比。

色彩的对比一般不是单一进行的，一组色彩之间既有色相对比又有明度对

构成与写生色彩

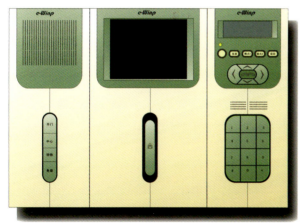

产品色彩的明度、纯度、色相、冷暖对比

比,是很常见的,通常是所有的对比形式都存在,各种对比手法要根据需要灵活运用。

一旦色彩的对比不符合自己的设计意图,或要刻意追求一种特殊的对比效果,我们可以用调和的手段降低或提高对比度来达到目的。通常的色彩调和手段有:

(1)近似调和法:即加入同一种色,或采用色彩互混,使彼此间都含有对方的成分,以此来减弱对比。

长、中、短调

高、平、低调

冷、暖、灰调

（2）渐变调和法：以明度或纯度渐变的方式，拉大两个对比源的距离，以此来减弱对比。

（3）面积调和法：用第三色为主调可减弱对比，或加大一方的面积，也可使对比减弱。

（4）间隔调和法：采用中性色描边或加中性色的底也可使对比减弱。

2. 色调

色调是指画面色彩总的倾向。色调是统制画面的因素。色彩的各要素都可成为调子，如红调、绿调、亮调、暗调、灰调、冷调、暖调等。色调根据色彩的不同对比度，有长、中、短、高、平、低调之分。

如果将色彩的三要素中固定其中两个要素，将第三个要素按对比度分为9级，如明度对比一样，1~3级为高调，4~6级为平调，7~9级为低调。而间隔1~3级为短调，间

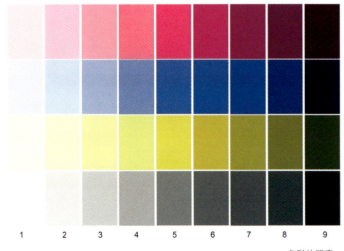

色彩的明度

隔4～6级为中调，间隔7～9级为长调。

3. 表现图的色彩

设计表现图的色彩，主要重在设计色彩的表达，反映产品的固有色。但在表现时不能像平涂填色块那样表现，要用固有色表达出真实的立体感、空间感。要借鉴绘画中写生色彩的表现方法，画出色彩的明暗变化，适当考虑光源色和环境色。画面色彩在色相上要求单纯、少变化，基本使用固有色，近乎用单色表现，显示出设计的客观效果。投影常用纯黑色，不像水粉油画那样追求丰富的色彩变化。

产品的固有色一般反映在受光部，但不是高光区。在表现时大面积的色彩应是固有色，只在高光区和暗部作一定的色彩冷暖变化，且要微弱。在用固有色表现产品的亮部时常常以笔触来增加变化效果，不可平涂，否则会感觉死板。

色彩丰富的水粉画

反映固有色的色彩单纯的效果图

二、速写与素描

这里所指的绘画基础是速写和素描。这些基础,从根本上来说都是一个目的:训练造型能力、观察能力和手头表达能力。正因为这样,今天的设计院校都将速写、素描列为必修的基础课。但是在教学的内容上一些院校分歧较大,有的主张将速写和素描的内容形式进行改革,以"设计速写"和"结构素描"来取代传统的内容,有的甚至认为速写课和素描课是"因教施教"而遗留下来的东西,主张废除这些课程。但客观地说,无论这些课程的内容多么"陈旧",它的重要性仍不可低估,需要改革的不是画的内容而是目的和方法。要把能力(理解力、观察力、判断力、概括力、记忆力、想象力)培养作为最终目标,而不只偏重于艺术表现。在方法上,写生、默写、想象、单项练习、局部练习、结构练习、组合练习等多种训练方式并用,至于画人、画物、画风景都无所谓,把对"手"的训练转化为对"脑"的训练,这样获得的造型能力才是设计所需要的。

速写与素描,一般是以描绘时间的长短来界定的。有时很难明确区分二者的属性,一般来说速写的时间较短,类似于设计表现中的草图。速写通常以线描,或略施明暗的线描为主,表现的对象不限,常用的工具有钢笔、铅笔、炭笔、圆珠笔、马克笔。速写有写生速写和默写,一般所指的是写生速写,其功能是记录形象,其表现内容则要视目的而定,有的是训练理解力,有的是训练观察力,有的是训练记忆力,有的是训练概括力,还有的是为了熟练工具、材料的特性……总之,速写对设计草图的表达具有重要影响。

素描是对物体进行深入描绘的一种绘画表现形式。简单地说素描就是单色画,它比速写花费

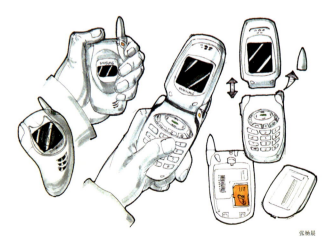

设计速写

的时间长，表现细腻、深入，类似于效果图的表现。素描在设计教育中争议很大，主要集中在画光影素描还是结构素描（设计素描）。其实这是艺术院校中关于素描风格流派之争，作为设计表现的基础，二者都重要。长期以来艺术院校中的素描教学形成了以前苏联契斯恰科夫为代表的"苏派"，其现实主义的表现手段，追求光影明暗、追求调子、追求质感真实表现的理念在国内占主导地位。20世纪80年代后西方其他艺术流派的引入，颠覆了其统治地位，"意向素描"、"结构素描"等具有鲜明理念的表现形式相继出现，形成了多元格局。今天理智地看待素描教学的争议，兼收并蓄、为我所用是正确的态度。

明暗素描以块面塑造形体，以黑、白、灰表现物体的空间感，追求光影的微妙变化，是光影造型的重要基础，与效果图表现的目的基本是一致的，以效果图的表现力来衡量，传统的明暗素描更加重要。结构素描（也称设计素描），是以线条为主，以表现形体间的组合关系——形体结构为目的的表现形式，即去除光影表面现象，抓住形体的本质特征。这对我们理解形体，准确地描绘形体极为重要，对提高造型能力有更直接的影响。因此结构素描也是不可忽视的，这两种素描表现形式作为设计表现基础，具有同等的地位。

三、透视、构图、明暗

无论是速写还是素描，透视、构图、明暗都是需要重点关注的要素。

1. 透视

透视是一种现象，透视准确与否往往是衡量物体表现是否准

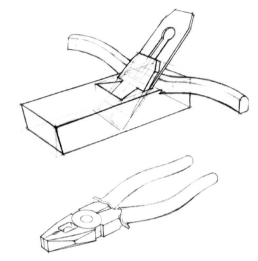

设计素描

明暗光影素描

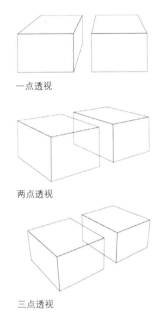

一点透视

两点透视

三点透视

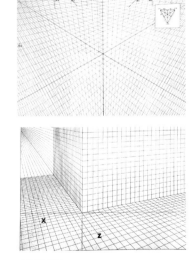

透视网格纸

确的依据。透视是有规律的，不仅艺术家在研究它，设计师和工程师也在研究它。透视与阴影已是工程图学中重要的组成部分，透视规律在绘画与设计中得到了广泛的应用。

人通过一个透明的假设"画面"看物体，物体在"画面"上形成的投像，就是该物体的透视图。透视根据人眼看物体的角度，分为一点透视、两点透视和三点透视。

三种透视各有弱点。一点透视容易表现，但所表现的可视面有局限性。两点透视因两个灭点相距较远往往会超出作图的画面，画起来较麻烦。三点透视则更为不便，往往三个灭点都在画面以外。

透视作图的方法很多，相关的书上都有详细论述，这里不再展开，我们就一些使用的方法作些介绍。

在实际应用中，一点透视适合于表现只有一个主面的产品，它作图方便，易于掌握。

两点透视是设计中应用最多的。透视的大小与我们的观测距离及物体的体量有关。一般在选择透视角度时以最能体现产品的真实状态为准。如果是一个火柴盒，用很近的视距来表现，就会像建筑一样夸张，而一个庞大的建筑如果视距过远过高则会感觉像火柴盒一样小而失真。这些违反人的常规观测距离的表现，尽管透视没错，却失去了真实感。一般产品的尺度都较小，如家用电器、通信工具、办公用品等，按正常观测距离，透视变化都不大，在作图时两个灭点的距离会很远，超出了画面，作图非常不便。这时我们可用些变通的办法来解决，如：缩小作图，再通过复印放大或网格放大来解决基本轮廓的透视，或用透视网格纸（一些绘图用品店有售）直接作图（这是最省事的）。当有了基本的外轮廓透视图，内部的细节部分的透视可用对角线法来求得。

最合理的方法是通过"无灭点法"的透视作图来完成。具体步骤如图：

（1）先画出可以自由确定透视的4条边（图1）。

（2）通过平行四边形确定正确的收束（图2）。

图示表达 设计表现基础

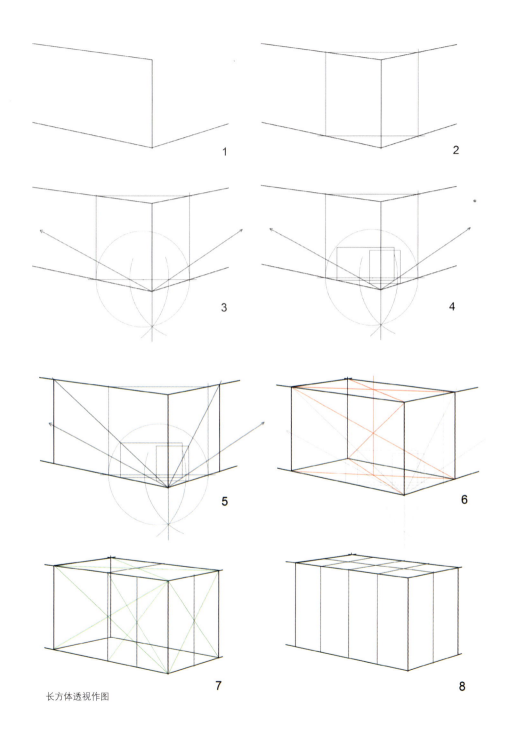

长方体透视作图

（3）用量点作图法得到两条量线（关于量点法参阅相关透视作图资料）（图3）。

（4）再根据左右侧面的实形得到正确的进深（图4、图5）。

（5）通过空间对角线原理得到最后的两条边（图6）。

（6）最后通过对角线原理等分立面，获得细节刻画的透视依据（图7、图8）。

需要指出的是：透视作为一种形体表达的基本功是可以训练的，随着实践经验的增加，我们对形体透视的判断会越来越准确，到时，甚至不需要辅助作图就能画出准确的透视，这种感觉非常重要。大量的速写训练能提高我们对这种形体感觉能力。

在决定物体的透视时，视角（主要视线与视平面的夹角）的选择要视所描绘的对象而定，如果是以表达顶面为主，视点应该高一些（约60°），如果表

正常

过小

过满

过高

过低

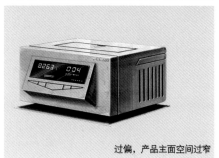
过偏，产品主面空间过窄

画面构图的各种情况

达的部位需要顶面与侧面兼顾，视点可低一些（约30°）。

三点透视在产品表达中因作图麻烦很少采用，需要时可用三点透视的透视纸辅助作图。

2. 构图

构图在国画中叫"经营位置"，是画面的组织构成形式，也称画面的布局。设计表现图中，只有效果图的表现要关注构图问题。主要是画面的幅式与被表现物体在画面中的大小比例两方面的问题。幅式问题很简单，只需根据产品的基本形状来确定是采用横式、竖式还是正方的幅面形式，一般都以"顺势"来选择。较扁的产品采用横式，较瘦高的产品采用竖式，较方正的产品采用横式或正方幅面。

画面构图的大小比例（即产品与四周空间的关系）很难进行量化说明，一般靠感觉来控制。五比五、四比六、三比七之间的都属正常，只要感觉舒适、适中即可。根据人的视觉规律，人的视觉中心在画面的几何中心（长方形对角线交点）偏上一点，因此产品主体放置的位置就应该在视觉中心附近。产品完全放置于画面几何中心，有时会显得过于呆板，根据产品的朝向，略为增加产品主面朝向的空间，会显得更舒适和通透。画面的构图原则是均衡，艺术的魅力往往就在于对这个"度"的把握，大小和位置恰到好处能增强作品的美感。

3. 明暗

明暗和透视一样是塑造立体感的基本要素。黑白灰的组合形成了各种不同的明暗调子。山水画中常说的"石分三面"，指的就是塑造物体立体感需要三个基本层次。效果图表达的是形态的真实感，对调子的选择要看是否方便对形体的塑造。因此清晰、明快、丰富的明暗调子是效果图表达的唯一选择，就像采用相机的自动曝光功能一样，画面的明暗调子始终维持在一个正常的值，不会出现整体过亮或过暗的情况。

效果图的调子一般以平调加中长调为主，即：黑白反差拉到最大（中

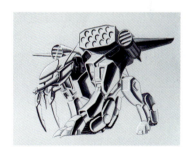

强对比多层次的明暗效果

固有色体现在受光部分

长调），同时中间又有丰富的明暗层次（平调），这样的明暗关系既容易表现又符合效果图的色调要求。当黑（纯黑）、白（纯白）反差拉开后，留给中间调子的表现余量就相当大，在灰层次的推移上就方便得多了。同时强烈的明暗对比也能体现出效果图的现代感。

明暗关系是一个相对的概念，是一种对比关系。有时画得暗并不代表物体的颜色很深，在一幅画中，体现物体真实明暗程度的部位往往是在亮部（受光部），而不是暗部（背光部）或阴影，就像我们在昏暗的房间里无法明确分辨出物体的明暗一样。有的同学在画浅灰色物体时，暗部往往不敢画深，导致整个画面灰白，但如果是画石膏头像素描，他就敢于画深，其实这二者的道理是相同的。判定物体的固有色（明暗）关键是受光部分的控制和把握。

四、背景、环境、空间与参照物

设计中为了明确产品的使用状态，有时也为了说明产品的尺度比例，常常需要表现出产品的使用环境及参照物。例如表现船的设计，必须画水面环境；剪刀的设计，需要画出手握的状态；眼镜的设计，需表现佩戴时的状态；候车亭的设计，需要点缀人物作为参照物以表达物体的比例；指套式的刮胡刀，需要画出手指才能表达产品的特点。这些体现产品比例和使用状态的环境和参照物，通常都当作背景来处理。

设计表现图对背景的处理可根据具体的设计需要而定。如果要突出产品的主体，一般不画背景，直接留白，如果要烘托气氛，可适当画一些与产品表现相协调的笔触，或简略地画一点产品的使用环境，但要简洁爽快、自然和谐，不可过于复杂。有时直接利用环境的照片作背景，将画好的图用电脑合成处理

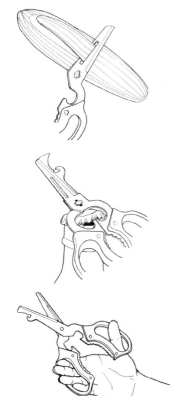

产品与参照物

也是一种有效的办法。用笔触作背景时，需要明确的是：笔触的方向、多少、用色，要视产品形式的复杂程度而定，也要视表现的便利性而定。形态复杂、细节繁多的产品，画背景的笔触要少，甚至可以不画，如汽车内部结构表现图；而对于形态简洁、外形结构简单的产品，就可以用笔触增强气氛和形式感并丰富画面，如：洗衣机、冰箱、汽车外形等。同时注意背景的表现要弱化，起突出主体的作用，不可喧宾夺主。

笔触的走向，一般要视产品的性质而定，如运动的产品：汽车、摩托车等交通工具或模仿这类动感形式的产品，如吸尘器、电饭煲等都可用较有动感的斜向笔触表达，方向由产品的前面向后面顺势而走。而对于一些静态使用的产品，如灯具、秤等，则采用垂直或水平的较有稳定感的笔触来作背景表现。

复杂结构不画背景

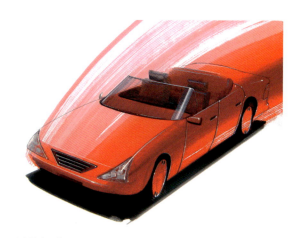

形态简洁画背景

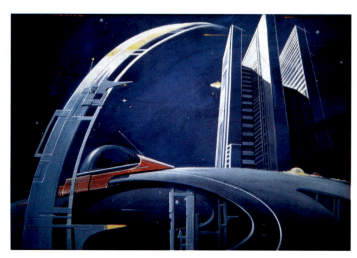

作品式效果图　马旭光

静态产品用垂直笔触作背景

有的效果图表现是纯作品性的,特别是许多科幻色彩突出的效果图,其创作意味很浓。这些图无论在立意、构图、设色上,以及形体刻画、气氛烘托、背景环境设置上都表现出极高的技巧性和极强的观赏性。这类效果图的制作花费时间较多,尽管很完美,但不是我们要研究的重点内容。

五、工具与材料

画效果图的工具有很多,有的是作图的通用工具,有的是特殊技法使用的工具,现将它们分类列出。

尺规类:直尺(50~60 cm)、三角板、圆模板、椭圆模板、界尺、曲线尺(云尺)、可弯曲曲线尺(蛇形尺)、平行尺、两用圆规、分规等。

用品类:美工刀、爽身粉(配合色粉使用)、橡皮擦、绘图橡皮泥、固定液、告事贴(用于遮挡笔触)、低黏度胶带(遮挡用胶带)、透明胶带、卫生纸、纸巾、笔架等。

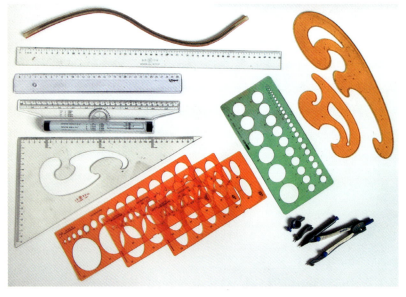

化妆笔　尼龙笔　白云毛笔　叶筋笔　圭笔　铅笔

笔类：化妆笔（画脸谱用，类似于水粉笔，3～6号常用）、水彩笔（3～6号）、油画尼龙笔（3～6号，透明杆）、白云毛笔、叶筋笔（中号）、圭笔（大、中、小号）、铅笔（H-2B）、水溶性彩色铅笔（24或36色）、签字笔（0.3～0.5）、绘图笔（0.1、0.3、0.8）、水性马克笔、油性（酒精性）马克笔（最好为双头）、彩色粉笔（24或36色，亦可自选常用色购买）、圆珠笔（拷贝用）。

材料类：80 g复印纸、白卡纸（200～300 g）、水彩纸、有色卡纸、牛皮纸、皮纹纸及其他特殊用纸，透明水色、色本（照相透明水色）、水彩颜料、水粉颜料、丙烯颜料、马克笔墨水等，此外为求得某些特殊效果，报纸、

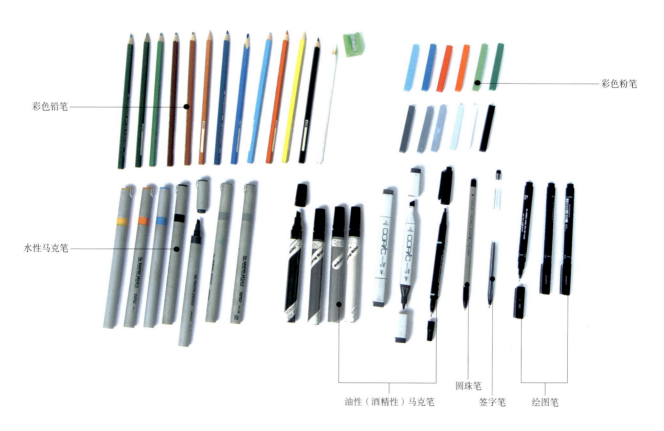

彩色卡纸

绘画板、压感笔、鼠标等绘画输入工具

毛边纸、印刷图画、墙纸和纺织品等特殊材料也可以使用。

　　以上工具和材料覆盖了所有的效果图技法，其中大部分物品都是我们熟悉的。需要说明的是这些工具和材料不必全部购齐，因为手工效果图技法其实是基础训练的一部分，最终是为快速表现打基础的，有的工具材料也许一辈子不会再用，在选购时只买必需品（后面会介绍），其他东西根据个人兴趣购买。椭圆模板是长期伴随我们的工具，单独出售的椭圆板往往是30°的常用板，使用起来其实很不方便，最好购买一套全角度（15°～60°，每5°一个间隔）的椭圆板。

　　马克笔和色粉笔是消耗品，本身价格较贵，整套购买是一种浪费，有的色几乎永远不会用，我们可挑选一个带黑、白色的灰色系和一个彩色系，再加上红、黄、蓝、绿等几个常用鲜艳色作为基本用色即可。

　　电脑效果图的精确绘制一般用鼠标即可，如果需要绘制草图或刷笔触追求绘画效果，最好配备一块绘画板，wacom系列的绘画板一般都能满足电脑手绘的要求。如果需要将草图或图片素材输入电脑，则需要配备一台台式扫描仪或数码照相机。

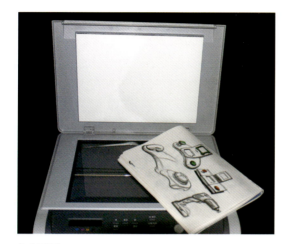
台式扫描仪

数码相机

绘画板的使用

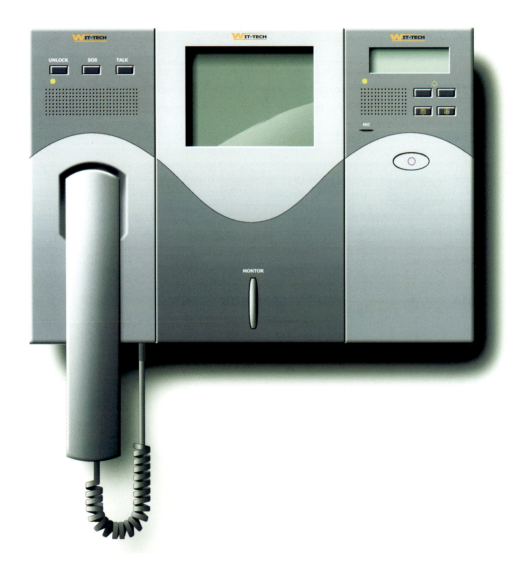

在下面的章节中我们将分六个训练课题，以课程进度（周为单位）为顺序，分别对常规的形体表现、材质表现和技法内容作详细的介绍。根据学生对效果图的认识的规律，我们将草图表达、快速表现放在最后。

第三部分　形体、材质、技法表现训练

训练一：长方体·亚光材质·直面造型产品的表现、视图效果图表现

训练二：圆柱体·光泽材质的表现

训练三：曲面体·玻璃材质·色粉——马克笔画法

训练四：倒角·底色高光画法（刷底）

训练五：组合形、装饰图文·橡胶、皮革、纺织物·色纸高光画法

训练六：自然景物、参照物·石材·效果图综合表现

要求与提示：

- 训练长方体的表现方法和技巧。用PS软件完成多个长方体的绘制。
- 用PS软件完成一个具有亚光喷漆或塑料质感的长方形产品。如小冰箱、洗衣机、微波炉、DVD、机顶盒等。
- 绘制产品的三视图，在PS中对主要的视图进行效果图绘制。

课时：8

训练一：
长方体·亚光材质·直面造型产品的表现、视图效果图表现

本周学习的内容分三大块（以后五周均是如此），分别要学习最常见的基本形体：长方体的表现，最常见的材质：亚光效果的喷漆和塑料以及最具代表性的效果图技法——PS画法。

（一）长方形的表现

我们生活中的产品造型千变万化，有单纯的几何形，有复杂的组合形，还有充满变化的曲面仿生形，但任何复杂的形体都可以概括为几何形或几何形的组合。将曲面块面化，复杂的形体就变得简单而容易理解了，就如同我们学习素描时画石膏头像中的分块分面像。分块分面像正是把复杂的人头像进行了几何化处理，概括出了形体的本质特征，能帮助我们正确地理解人的面部结构，因此几何形体及其变异组合是物体造型的基本形式。了解并熟练掌握了几何体的造型原理和表现方法，就能准确地表达出各种复杂形体，这也是设计表现的基本功。在形体表现训练中我们将逐一对这些几何体进行深入研究，找出最佳的表现方法。

长方体是产品设计中最常见的基本几何体，我们身边的许多产品都是长方体或长方体的扩展变异形式，如冰箱、音响系统、DVD、机顶盒、各种家具等，概括起来都是长方体。长方体也称六面体，在不同的视角上我们能看到1～3个面。要体现出其立体感，一般要同时出现三个面，所谓"三面为立体"。在普通光线下，三个面的明暗是各不相同的，素描中的三面五调都能在长方体中得到体现。长方体中对平面和立面如何表达是我们关注的重点。

效果图表达对光线是有规定的，这有助于我们程式化地表现物体的空间感。效果图的光线一般设定为：主光从物体的左上方或右上方约45°角射

分块分面像

入,再辅助一个顶光(较弱),这样所表现的长方体三个面的黑白灰关系是最舒服的,顶面最亮,左(右)侧面是受光的灰面,右(左)侧面是暗面,并受反光的影响。同时暗面与其他两面的交界处形成最暗的明暗交界线,这样表现的长方体立体空间感最强。长方体的主面视具体的产品而定,一般放在受光面上,所见面积大一点,利于产品的刻画表现。

长方体的投影一般规定由平行的顶光来产生。其实这种现象违反了光线设定的前提,现实中是不会明显出现的。但在实际表达中确实很有效果,也方便易行,这种规定在国外的许多技法书上都是这样应用的,得到同行的一致认同,这也正是效果图表现不同于写生绘画之处。

长方体的表现是建立在对客观物体和规定性的理解上的。长方体中形成了明显的三面五调,即黑白灰三面加上高光和反光。高光形成于长方体中所见三面的相交棱边上,它其实是一个微缩的"小面",表现时要用亮线画出,即提高光。高光的形成也有一定的规定性,高光是根据与视线相平行的一组光来产生的(有点像照相机的闪光灯),但它不产生整体的明暗关系,只对提高光起作用,这其实也是与客观事实相违背的一种程式化规定。

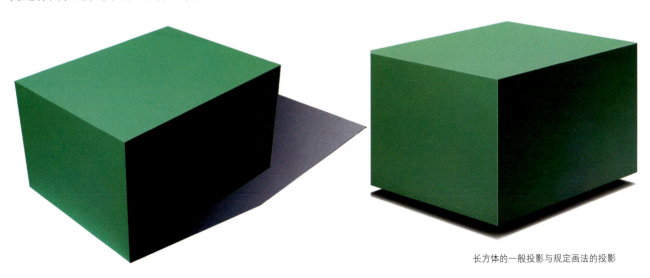

长方体的一般投影与规定画法的投影

反光是受背景的反射而在暗面形成的明暗效果，离反光源越近，反射越强，反之越弱，明暗交界线是因为受反光影响弱而产生的，这些现象我们在画素描时已体会得很充分了。

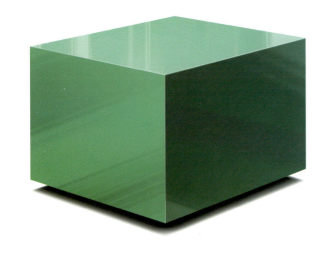

如果把长方体的三个面用平涂的方式画出，那它会感觉很死板，没有真实感。为了使画面生动、活跃，长方体的每个面都应画出它的微小变化，因为光线按一定的角度照射到平面上，必然有远近之分，人的眼睛距离同一个面也有远近的差别。在控制总体明暗关系的基础上，表现出这种差别，是使画面真实生动的关键所在，有的是通过笔触的变化，有的是通过渐变的推移。在表现长方体的顶平面时笔触方向为垂直方向；在表现立面时，画右立面，朝指向左灭点的方向用笔，反之，画左立面时往右灭点透视方向用笔。

在表现产品内部结构关系时，一般不画明显的投影，而把光源理解为一种室内散射光或"阴天"效果，只产生柔和的明暗变化，不像画建筑画那样把阴影表现得强烈而具体。

长方体代表了很广的一类产品，有的产品如直角梯形、平行四边形的造型，其实是长方体的一种变异，表现方法大致相同。我们在这里以点带面，可概括一大类产品的表现。

笔触的方向

（二）亚光喷漆和塑料的表现

这里所指的材质，不是生产工艺上的材质概念，而是指这类材质的表面属性及效果，有的产品仅靠视觉是难以分辨出它的真实用材的，如喷过漆的木材和金属是无法从表面上区别的，我们现在关注的也正是这种表面现象的表达。亚光效果也称磨砂效果，一般都是由亚光喷漆或塑料模具的亚光处理而产生的，它对光线的反射率高低由表面磨砂颗粒的粗细来决定，颗粒越细密，反射率越高，我们感觉越光滑，反之越粗，反射率越低，感觉越毛糙。

材料的表面属性一般由表面色彩、光洁度、反光度和透明度构成。对于亚光漆和塑料，色彩和透明度，我们暂不研究，这里只关注光洁度和反光度。物体反光度越高，越容易形成"镜面"的效果，而反光度越低，明暗关系越柔和。反光度的判断往往看高光和反光的强弱。亚光效果、明暗关系清晰柔和，高光不是很亮，反光过渡自然，因此在表现时不能有太清楚的笔触（笔触代表了外界的被反射物），就像画石膏几何体一样。在生产制造中，现在的多数产品的色彩和表面处理都是在模具制造时就完成了，塑料直接配色，所以产品出来后无须再喷漆处理，其表面效果和喷漆效果几乎完全一样，二者可视为同一材质来表现。

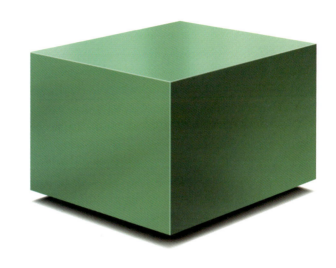

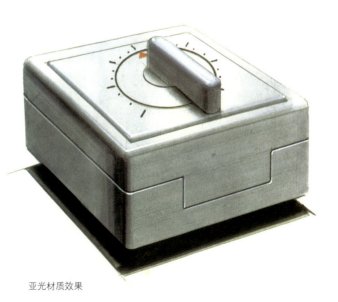

亚光材质效果

（三）长方体产品的表现（PS画法）

在效果图训练中，我们要学习的第一项内容就是用Photoshop（以下简称PS）软件绘制以平面造型为特征的产品。在电脑中画产品效果图很像过去的喷绘，PS软件提供了各种方便的"喷绘"作画工具，而且非常直观，在这里我们就不进行详细的软件功能介绍，只在绘制过程中说明使用到的工具。

1. 准备工作

打开PS软件，在新建文件中设置A4大小（29cm×20cm），200像素/英寸分辨率，背景为白底，颜色模式为RGB/8位，总文件大小约10M。这样的设置既保证了一定的绘制精度，又可使电脑保持较快的运行速度。当然我们可根据电脑的配置和实际需要设置任意的分辨率，在保证电脑正常运行速度的情况下，分辨率原则上是越大越好。

有条件可使用WACOM的绘画板，本示范作品是用鼠标完成的。下面将以一台平面造型的DVD机为例，

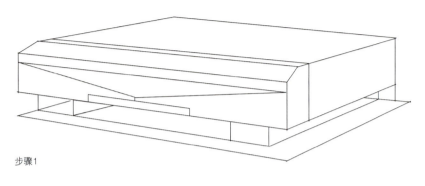

步骤1

步骤2

步骤3

演示整个绘制过程。

2. DVD机的作画步骤

（1）按两点透视的规律，用直线工具，直接在底层上画出产品的基本轮廓线及阴影的投射范围，因产品为直线平面造型，拉透视线、作辅助线都非常方便。所画线条的头、尾尽量相接，这样形成闭合空间，以后"选取"更方便。

（2）选取DVD的顶部，新开一个图层，用"喷笔"和"渐变"工具画水平面，笔触生成的走向是垂直的。

（3）分别选取其余几个面，用相同的方法绘制，此时需要协调好立方体三个面的明暗关系，并表现出反光效果。最后选取三角形的"屏显区"，降低明度。这样，屏幕部分就凸显出来了。

（4）用渐变工具绘制DVD机的两个撑脚，注意刻画上面的投影。

（5）根据光线的照射方向，将主立面的线缝和边的受光部分提亮（提高光）。补充画上机器的控制按钮。按钮绘制时，可先用渐变工具画正视图，然后用"拉透视"的工具，根据透视方向变形后移到相应的位置。

步骤4

步骤5

按键制作

步骤6

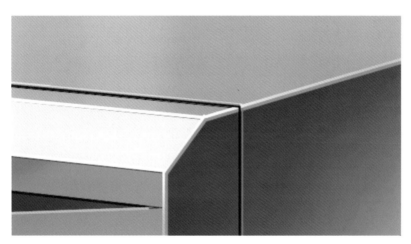

高光的细节效果

步骤7

（6）新开一个图层，根据产品的受光关系，用灰白色线条对每一条受光的边和线缝提高光。高光部分要有层次和变化，可在原灰白线的上面，用更亮更细的灰白线再画一遍。在接近顶角的转折处用画笔下的"变亮"模式处理一下，使高光产生渐变的效果。

（7）给产品加上文字细节，文字打出来后，用透视工具拉出透视变化。

（8）回到底层上，选取阴影部分，填充黑色，然后用"模糊"工具使阴影边沿虚化，这样产品的主体基本完成。

（9）最后也在底层上根据整体色调的需要，用画笔工具画上一个背景，这样即完成绘制工作（也可按需要合并图层，输出）。

步骤8

步骤9

（四）视图效果图的表现（PS画法）

用视图表现产品，因其作图的便利性，是很容易被掌握的，而且还能直观地表现出产品的尺度，但空间立体效果较差，在只有一个主视面的产品中，将视图施以明暗和色彩，绘制成效果图形式，也不失为一种巧妙的表现手段。下面以手机为例演示一下视图效果图的表现。

（1）在PS中用细线绘制出手机的轮廓线框图，主要绘制一些功能区域。

（2）用填充工具和渐变工具把手机不同的区块先填上不同的颜色，并添加细节，可将它们置于不同的图层上，背面贴上不锈钢材质。

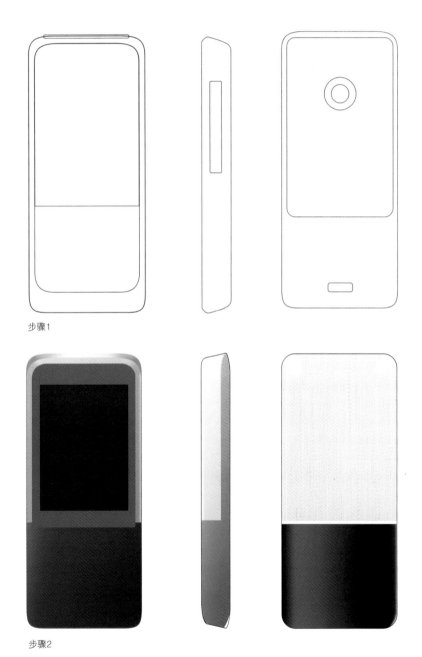

步骤1

步骤2

（3）在侧视图和后视图上画出弯曲的过渡效果；在正视图中画出键盘的具体排列和分割的线条以及手机屏幕和键盘之间的金属分割线条；在背面画出喇叭孔。

（4）在前视图中画出键盘的高光，使按键看上去有突出来的效果，同样绘制出导航键的边框和高光效果；在侧视图中画出手机下部的过渡倒角效果。

步骤3

步骤4

（5）在不同视图中分别画出手机的分界——高亮的金属条，画出导航键的高光和镭射效果，在侧视图中增添前面面板的拉丝金属效果。

（6）丰富细节，绘制手机的听筒，在后视图中画出倒角面效果。

步骤5

步骤6

（7）在前视图中添加键盘上的数字和字母，以及屏幕的亚克力效果；在后视图中画出后面板的卡扣及摄像头；在侧视图中画出插卡口、USB接口和电源充电口，以及相机启动按钮；最后添加文字细节和LOGO。本示例作者：郑书洋。

步骤7

张卫华

陈蓉蓉　　　　　　　　　　　　　　　　龚桦

以直面造型为主的PS效果图

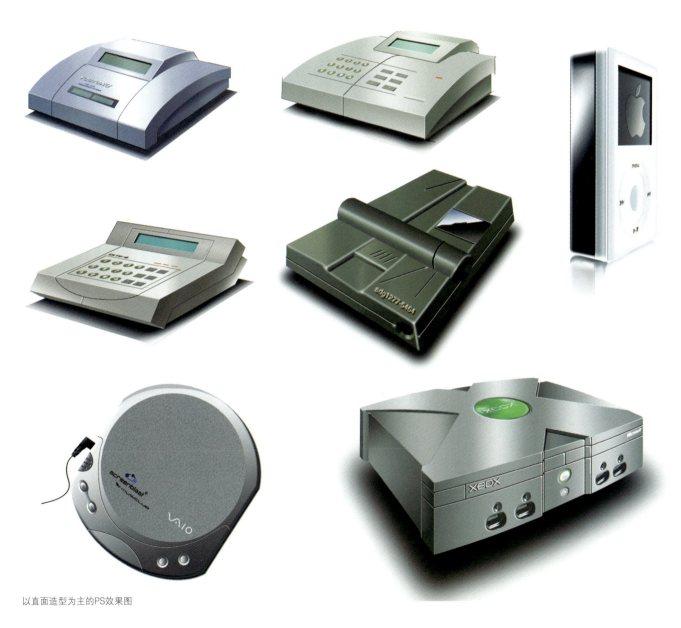

以直面造型为主的PS效果图

图示表达 形体、材质、技法表现训练

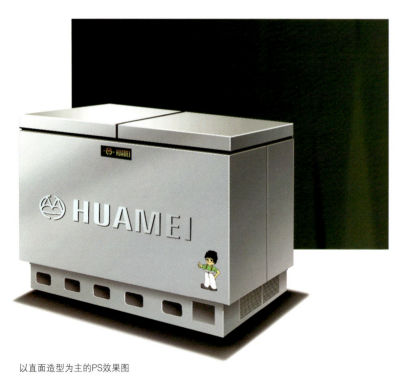

以直面造型为主的PS效果图

以直面造型为主的PS效果图

吕兴

张卫华

谢文婷

视图形式的PS效果图

视图形式的PS效果图

图示表达　形体、材质、技法表现训练

视图形式的PS效果图

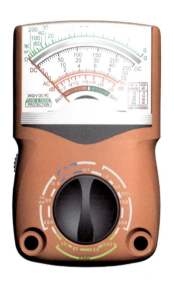

视图形式的PS效果图

金属材质反射场景

训练二：
圆柱体·光泽材质的表现

要求与提示：

选一个有柱体造型特征的产品（热水瓶、电吹风、照相机、净水器、高压锅等），在PS软件中，以光泽材质反射场景画法完成一幅效果图。同时再画一幅简单的亚光柱体作练习。

课时：8

（一）圆柱体的表现

生活中的许多产品如电吹风、热水瓶、各种锅具、水壶、单反照相机……都是以圆柱造型为主的产品。产品的许多组成部分，如旋钮、把手、按键等，也是圆柱造型，它的应用非常广泛，研究圆柱体的表现有现实意义。

圆柱体的顶面是水平面，其表现方法与长方体的水平面相同，圆柱体的柱面受光线的照射后呈现出丰富的明暗调子，三面五调体现得很充分。

圆柱体的灰层次较多，且过渡自然，根据视角和光线的不同，柱体的明暗交界线和高光的部位有差异。

在规定的光线条件下圆柱受光面略多，暗面略少，圆柱的反光亮度不能超过受光面。

圆柱体的光洁度也决定了它的画法，亚光柱体如上所述，光泽柱体我们将结合光泽材质来讨论。由圆柱体派生出来的圆锥、圆台等变异形体，其表现方法相同。

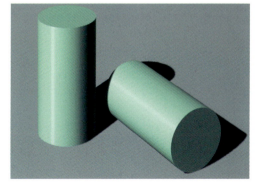

圆柱体的层次和光影变化

(二)光泽喷漆、光泽金属

亚光材质我们已经讨论过,画石膏几何体其实就是认识亚光材质的基本特性。大部分产品,表面一般都是光泽处理,喷漆打蜡后的效果,光亮异常,甚至能清晰地反射周边的物体,像镜面一样,对于电镀金属来说,几乎就完全反射外景。

如果把产品置于一般环境中,由于环境的杂乱,周边任何物体都能被反射到产品的表面,尽管都是合理的,但表现起来非常麻烦,干扰很大,为了能方便对光泽产品的表达,效果图特地采用了一个特殊的场景规定。

这个场景是一个室外画面,有天空、远山和地面,天空上暗下亮,远山最暗,地面为土黄色,呈渐变。这个规定的场景使产品的表现变得简单易行。无论是室内、室外的产品通常都采用这个场景作反射画面,表现起来也很有规律性。

光泽表面反射场景,由于表面的形态不同,被反射的场景在物体表面被变形,或压缩或拉伸,我们只要考虑物体形态的朝向,就能决定反射场景的形状:物体侧面最突出的部分一般是反射场景的天际线(天空与地面交界处),向上偏则反射天空,向下偏则反射地面,由于我们的视平线一般都在产品的上方,所以侧面反射

效果图的反射场景

不同视角的柱体反射场景的效果

地面。画光泽的柱体，除标准场景的反射外，也可以用另一种规定的场景反射，这样的柱体表现也能充分表达材质的特性。

（三）光泽塑料产品及光泽金属产品的表现

这个课题中，材质与主体形态的表现尤为重要，光泽材质产品我们选择两个电吹风（有柱体特征），一个是金属外壳，一个是光泽喷漆外表。

光泽塑料与金属之分，主要在固有色上，光泽塑料表面有场景的明暗关系，但不带有场景的色彩，而金属则完全反射场景的明暗和色彩。

1. 金属电吹风表现

金属电吹风由柱状的机身和把手组成，因为是电镀金属，所以直接反射规定的场景。

（1）设计一个电吹风的造型，在PS中将外轮廓线整理干净，得到清晰的"白描"图，图中要将转角、线缝等细节交代清楚，把光泽金属反射的场景（天际线）根据产品形态的变化作出正确的反射场景。

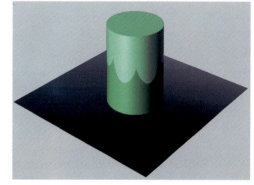

反射不同场景的柱体

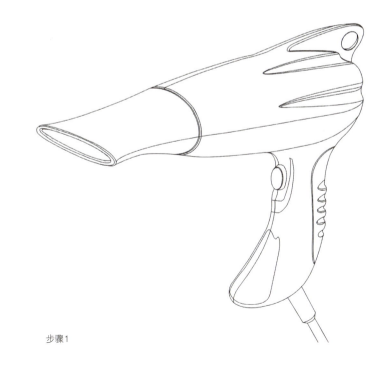

步骤1

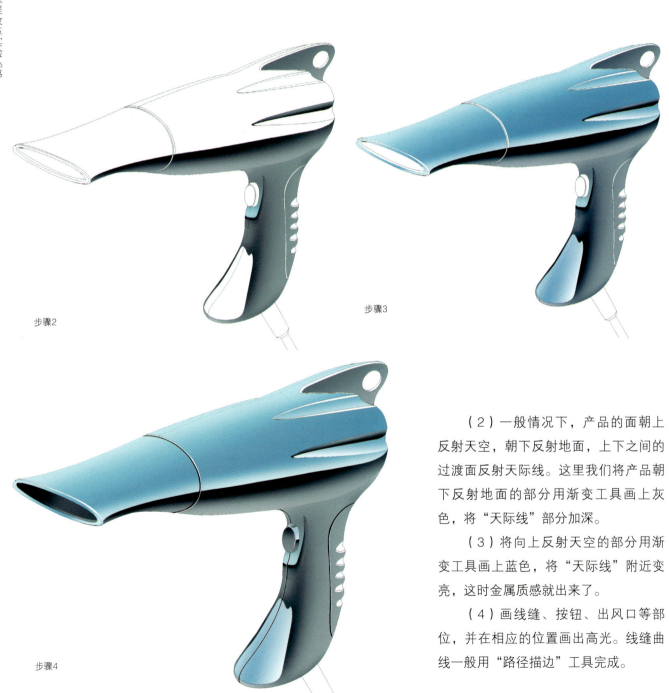

步骤2　　步骤3　　步骤4

（2）一般情况下，产品的面朝上反射天空，朝下反射地面，上下之间的过渡面反射天际线。这里我们将产品朝下反射地面的部分用渐变工具画上灰色，将"天际线"部分加深。

（3）将向上反射天空的部分用渐变工具画上蓝色，将"天际线"附近变亮，这时金属质感就出来了。

（4）画线缝、按钮、出风口等部位，并在相应的位置画出高光。线缝曲线一般用"路径描边"工具完成。

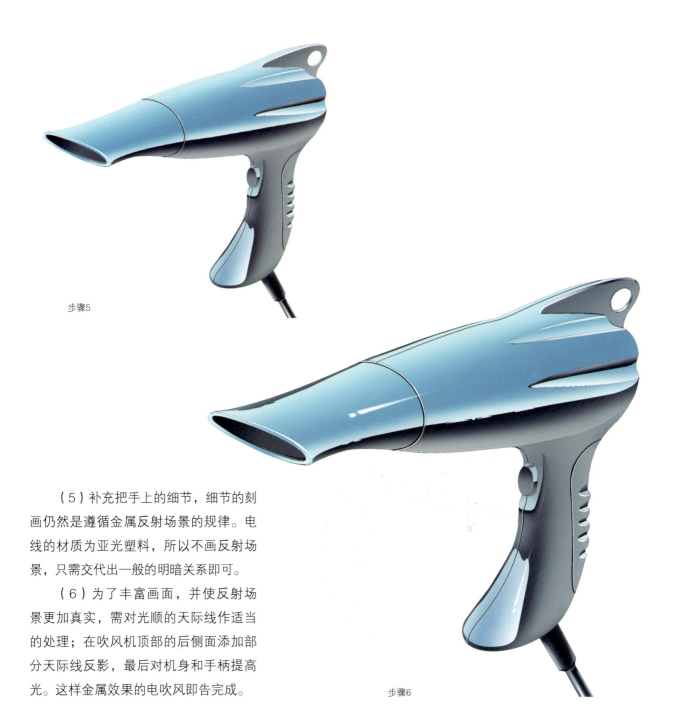

步骤5

（5）补充把手上的细节，细节的刻画仍然是遵循金属反射场景的规律。电线的材质为亚光塑料，所以不画反射场景，只需交代出一般的明暗关系即可。

（6）为了丰富画面，并使反射场景更加真实，需对光顺的天际线作适当的处理；在吹风机顶部的后侧面添加部分天际线反影，最后对机身和手柄提高光。这样金属效果的电吹风即告完成。

步骤6

2. 红色光泽塑料电吹风表现

和光泽金属一样，光泽塑料同样反射场景，只是它用产品的固有色来表现，我们下面所画的是红色的柱体和长方体相结合的电吹风。

（1）设计好电吹风，画好白描图，在PS中整理，使画面干净、线条光挺。

（2）选中柱形机身及方形手柄的暗部，开一个新图层，以柱体上的天际线为分界，反射地面部分画暗红色，并用渐变工具加深天际线；天际线的上部反射天空部分施以亮红色，用渐变工具提亮天空部分的天际线。

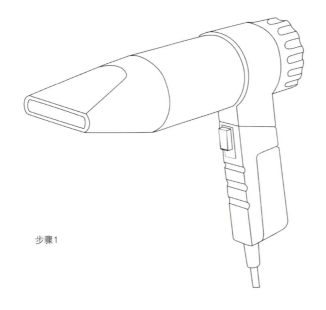

步骤1

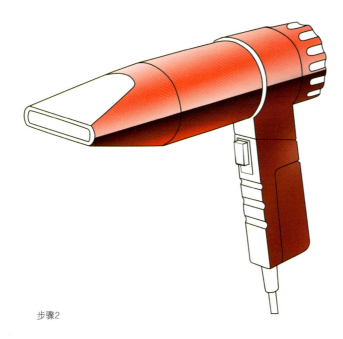

步骤2

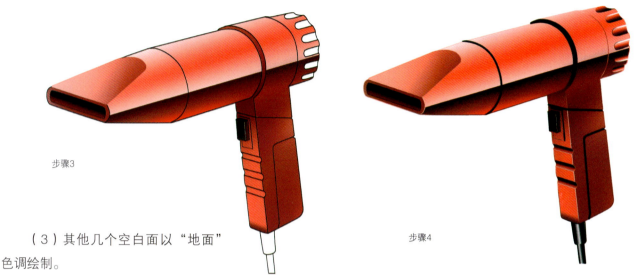

步骤3

(3)其他几个空白面以"地面"色调绘制。

加深出风口;手柄上的开关为黑色,用黑灰色调画出三面的明暗关系。

(4)在底层选中手柄和机身后部的防滑凹槽,根据受光及反射场景的方向,用渐变工具逐一画出;再用路径描边工具画出结构线缝,选中电源线,用渐变工具画出。最后关闭底层轮廓线。

(5)再开一个新图层画高光,用路径描边工具画出高光部分的线条,再选中这些线条用画笔工具进行高光明暗变化的调整,使其与形体的转折变化相吻合。

选中高光层,用滤镜中的高斯模糊,对所有高光线进行微量的模糊处理,使高光画有倒角过渡的厚重感。最后对天际线进行不规则处理,即告完成。

步骤4

步骤5 最终完成效果图

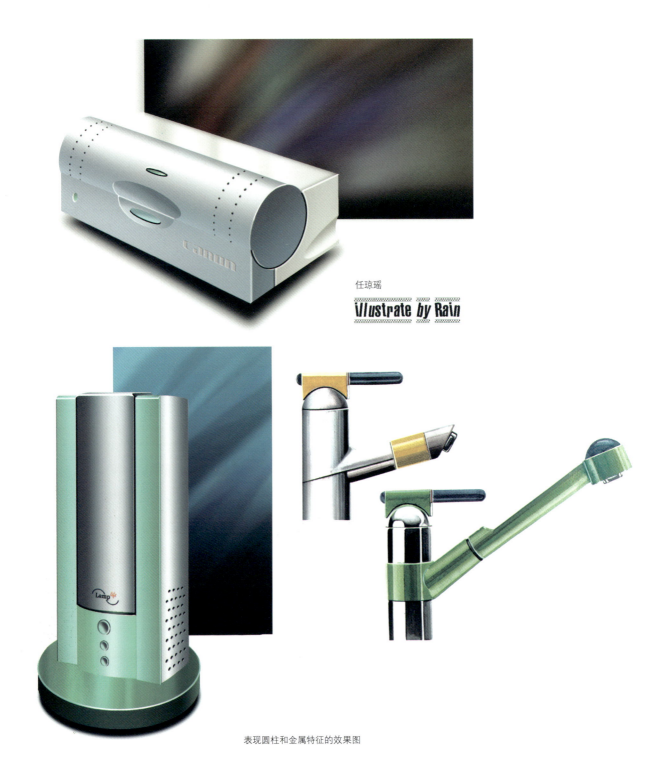

任琼瑶

Illustrate by Rain

表现圆柱和金属特征的效果图

表现圆柱和金属特征的效果图

图示表达 形体、材质、技法表现训练

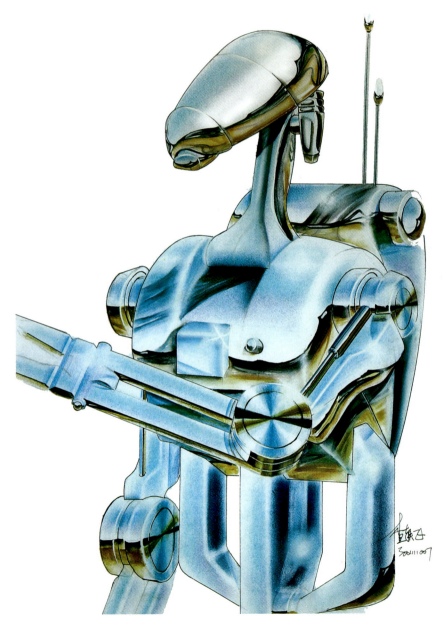

光泽金属的表现

金属材质的表现

图示表达 形体、材质、技法表现训练

063

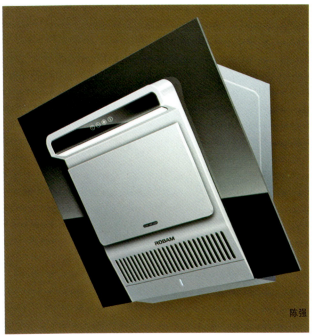

金属材质的表现

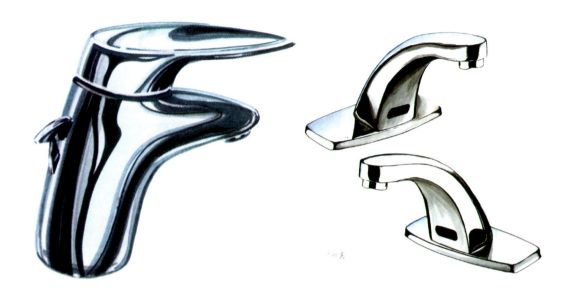

光泽金属的表现

光泽金属的表现

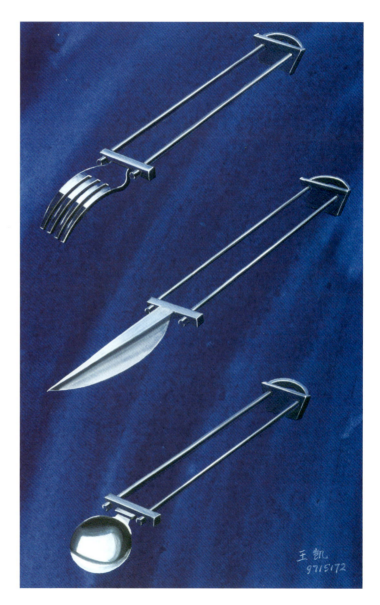

图示表达 形体、材质、技法表现训练

训练三：
曲面体·玻璃材质·色粉——马克笔画法

要求与提示：

（1）画一个玻璃制品（茶杯、酒杯、香水瓶、水晶玻璃产品均可）。
（2）画一个曲面造型的产品（汽车、火车头、吸尘器、电饭煲、照相机等）。

课时：8

（一）球体、曲面表现

球体是曲面的特殊形式。曲面体是产品设计中使用最多的形体，今天制造工艺的发展，已使曲面造型成为了主流。曲面的表面特征是一种自然柔和的过渡，圆柱体中出现的三面五调在曲面体中都得到充分的体现。曲面体的明暗变化规律是根据曲率的大小而变化的。曲率越小，明暗过渡越平缓，过渡面越大；曲率越大，过渡越明显，过渡面越小。

对于亚光的曲面体要表现流畅的曲面变化，以块面塑造见长的水粉水彩都不是有效的工具，它们很难均匀地实现明暗推移变化，所以曲面的表现一般采用色粉笔擦晕，或用彩色铅笔像画石膏球体一样表现。

用水粉、水彩表现曲面体，唯一的办法就是简化，减少过渡面的层次，靠外轮廓、高光和明暗交界线来控制形体。准确的高光位置和外轮廓线再加上明暗交界线附近的少量渐变推移，一般都能表达出曲面体的基本面貌，就像用钢笔白描也能将人的各种面部曲面表现出来一样。许多渐变过渡用湿画法晕染也能进行表现。

光泽型的曲面就容易表现得多了，只须画出反射场景即可。

亚光曲面的效果

光泽曲面的效果

（二）玻璃材质的表现

玻璃是透明材料又是高反光材料，如果玻璃较厚又会形成折射效果，如酒杯、香水瓶等。玻璃分有色玻璃和白色（无色）玻璃，玻璃的颜色越深，透光性越差，反之越浅越透，如汽车玻璃、墨镜等。

表现玻璃就是将这种反射、折射、透明和玻璃固有色的效果表现出来。画玻璃的反射效果很简单，刻画上反射场景，点上高光即可。表现透明效果，要透出玻璃后面的物体或背景。作画时先简略地画出这些景物（不必太细，有大致的明暗关系就行），画完后表面再画上场景，在高光的形成处提出高光，透明感就能体现出来。

表现玻璃的折射效果，则先要分析玻璃制品的厚薄，一般在较厚的地方形成折射，折射的明暗效果往往与正常的明暗关系相反，也有深浅之分。画折射效果一般在白纸上表现较为方便。

有色玻璃材质

透明玻璃材质

（三）玻璃制品表现示例（透明水色）

（1）用铅笔起稿后，将轮廓拓印到较厚的白纸上，然后用中黄、朱红、土黄等色彩由亮到暗晕染出化妆瓶的基本轮廓。

（2）将瓶子暗部以及折射部分加深。

（3）用黑色将玻璃反射中的最暗部分加深，注意反射的形状和走向。

（4）将瓶子的细节部分完善，增加反光和高光。最后将装饰文字画上。

要充分地利用水彩的透明、轻快的效果。在渲染时，要画出均匀的过渡面，可用白云毛笔来画。

该示例也可以尝试用PS加绘画板来完成。

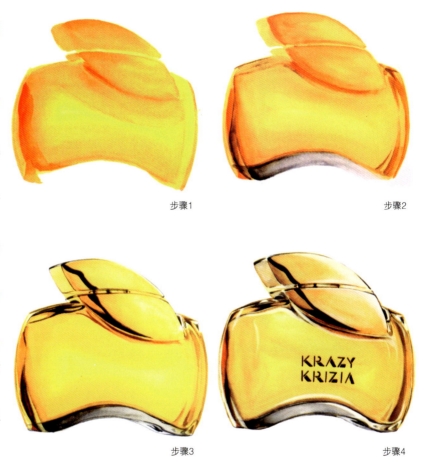

步骤1　　步骤2

步骤3　　步骤4

（四）色粉——马克笔画法

1. 主要工具与材料

色粉笔就像是专为画曲面而存在的。色粉笔、马克笔以扬长补短、相互配合的方式渐渐成为了今天效果图表现的主流技法，被设计师们广泛接受。色粉笔能擦出非常均匀、自然的过渡面。色粉的颜色丰富，用于表现产品的曲面部分，用于消隐画面笔触效果极佳。色粉还能与挥发性的液体调合，可以刷出像

底纹笔一样的笔触效果。色粉画最大的方便是不用裱纸，能在复印纸上作画，这大大节省了作画的步骤，提高了效率。但色粉在范围的控制和边界的处理上很难把握，需要用大量的遮挡纸来做遮罩，这又增加了额外的工序。此外用色粉笔来刻画产品的细节几乎是不可能的。好在马克笔的使用能很好地弥补这一缺陷，马克笔我们一般使用酒精性的，用来与色粉配合，这样不会使纸张变形，而且干燥很快。马克笔主要用于刻画细部，塑造形体的块面。

色粉——马克笔作画，辅助工具特别重要，勾线、提高光都最好用曲线尺、绘图笔和彩色铅笔。清洁画面时最好用橡皮泥橡皮，这样擦去的粉末都被吸附，不会再次弄脏画面。色粉擦过后，需要用固画剂来使色粉紧密附着于画面。一般的罐装喷雾式固画剂都能立即干燥，不耽误作画的时间。喷完后再进行细节刻画，就不会影响色粉的效果了，固画剂可多次喷洒，可边喷边画。

提高光和其他技法一样，要用到白色水粉颜料，色粉在喷过固画剂后能被白色水粉覆盖。水粉提高光，因为面积不大，不会引起整个纸张的变形。

色粉笔——马克笔技法的主要使用工具如图所示。

色粉——马克笔画法的工具与材料

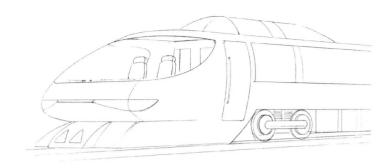

步骤1

这些工具都是我们今天画火车头示范时要使用到的。

2. 火车头的表现步骤

（1）在A3的复印纸（80 g）上画出火车头的外轮廓透视图。完成后用另一张A3的复印纸直接覆盖在上面，将半透明的火车头外轮廓准确地用铅笔描画一遍，描完后抽去底图。

（2）用美工刀将浅灰色的色粉笔刮成粉末状，用纸巾沾上色粉在火车头的受光部擦出曲面变化（也可以将色粉直接刮在产品的亮部，用手指擦抹）。用深灰色色粉以同样方法擦暗部，并强调出明暗交界线。

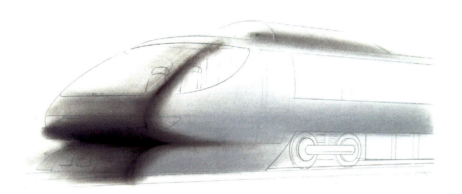

步骤2

（3）用深灰色马克笔画产品的深色部分（驾驶室、车窗和轮子的暗部）。用一张复印纸作遮挡，并用深灰色色粉擦出暗部的渐变效果，用浅蓝色擦出车窗反射场景的天空部分。

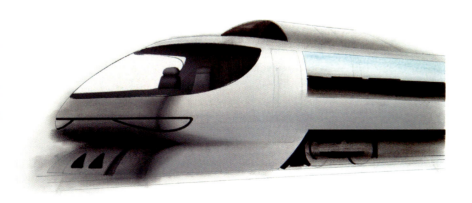

步骤3

步骤4

（4）用细马克笔、绘图笔及深灰系列的马克笔刻画产品的细部。车灯用橡皮泥擦亮，擦去产品周边出界的色粉，最后用固画剂喷固。

（5）用遮挡纸（低黏度胶带）贴住玻璃部分的两侧，用白色和浅蓝色擦出反光效果。将车灯的细节进行刻画，最后喷上固画剂并用0.1的绘图笔勾画外轮廓（用曲线尺配合）。

（6）用白色水粉提高光，补充细节，点上高光点，将铁轨部分用简单线条勾出。

这幅画中体现了曲面的画法和玻璃的画法。画玻璃一般都要画反射场景，在玻璃反射地面部分（暗部）要适当画出内部的物体，这样才有更好的透明感，轮子部

步骤5

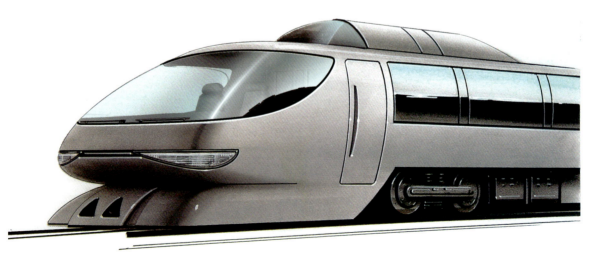

步骤6

分的处理要注意虚实关系,许多细部结构通过高光的点缀作适当交待即可。

曲面手提式CD机的PS表现

CD机的造型为流线型,是大曲面,画法与色粉技法类似。这里我们是以计算机的画笔来代替色粉,这种画法比色粉技法更有效率。

(1)和前面示例一样,在透明图层上先用路径描边画出CD机的白描稿,该层即为轮廓层。

(2)新建一个图层,用大直径、无硬度的画笔工具画CD机的三个面,注意画出三面之间的过渡关系。

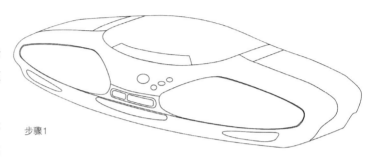
步骤1

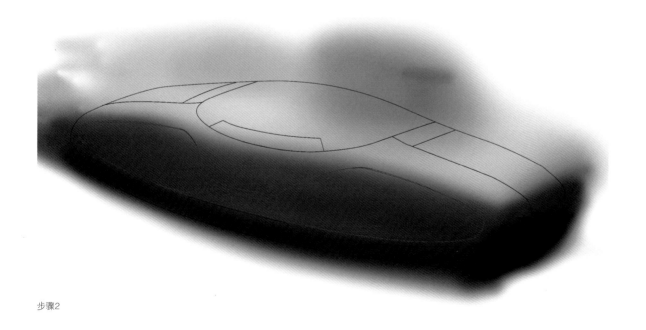
步骤2

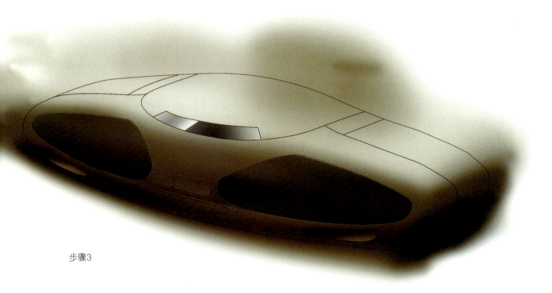

步骤3

步骤4

（3）在轮廓层上分批选中喇叭、低音孔和显示屏，回到绘画图层中，分别对选中位置进行刻画，显示屏部分注意将表现光泽材料的"场景"画出。

（4）在轮廓层中，选择背景，再到绘画层中删除这部分，CD机以外的笔触被删除，留下一个完整、干净的画面。画一个小圆，经过无数次拷贝，形成了一张由无数圆孔组成的长方形网面，将网面剪切到剪贴板，选中喇叭区域，用粘贴入（shift+ctrl+v）命令，把网面贴入到喇叭区域内，再用自由变换工具拉透视，使之与CD机的透视方向吻合。边沿部分用画笔提出一条网面上的高光。

（5）画出按钮部分及CD的舱盖。再开新层，用路径描边工具画出相应位置的高光，并对高光进行强弱处理。

（6）补充上说明文字及装饰文字。用"路径描边提高光"的方法完成其余线缝的高光刻画。最后在底层上画上投影，并通过模糊虚化边沿，使其更加自然。

步骤5

步骤6

步骤7

（7）在底层上框选一个背景区域，用灰色刷上垂直的笔触，笔触做到流畅有力，这样带笔触背景的弧面产品效果图即告完成。

带笔触背景的画法，笔触与产品要和谐，要"顺势"，这一点在后面的示例中我们还要讲到。

色粉——马克笔画法效果图

图示表达 形体、材质、技法表现训练

施成琨　　　　　　　　　　　　　　色粉——马克笔画法效果图

图示表达 形体、材质、技法表现训练

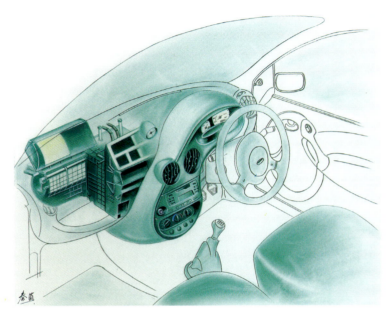

色粉——马克笔画法效果图

色粉——马克笔画法效果图

图示表达　形体、材质、技法表现训练

赵君

赵君

玻璃制品的表现

弧面产品的PS效果图

图示表达 形体、材质、技法表现训练

训练四：
倒角·底色高光画法（刷底）

要求与提示：

（1）画一个简单的木质产品，体会画木纹的技法，并将多种画木纹的方法实践一遍。

（2）用底色高光画法画一个带倒角并有一定凹凸造型的产品。

课时：8

（一）倒角、凹凸形表现

任何产品都有倒角，无倒角只在理论上存在。倒角是两个相交面之间的微小过渡面。这个小面可以是直面，也可以是弧面。一般的倒角我们指的是圆倒角。倒角的圆弧可看做是圆柱的一部分，它集中了圆柱的高光面、过渡面，有时还有明暗交界线。

倒角的表现要视倒角所处的光照角度和观察角度而定。正面光照时（顺光），倒角反映了圆柱中的受光面部分，表现时是一条往两侧过渡的亮面，中间部分最亮。侧面光照时，倒角反映了圆柱中的明暗交界线部分，分别过渡到明、暗两个平面上，高光产生于受光的圆过渡面上。

我们可以把倒角看做是把圆柱的1/4保留，将其余部分展平而得到的形体，能理解立方体和柱体，将二者结合起来就能对倒角有全面的认识。

在长方体产品中三个相交的面形成三条棱边，至少有两边倒角相同，三边各倒角不同大小的情况很少，那样形成的顶角很丑，如果三边倒角相同，交汇的顶角处是一个球状。

所谓凹凸是指在一个平面上出现像浮雕一样的凸起或凹入的几何形体，如

倒角

倒角的解析

凹凸效果的表现

直纹

山纹

产品中的凹槽、按钮等。为方便理解，可将这些局部放大来看（如将按钮放大后就是个长方体），这样顺光、背光就很容易确定了。

平面上的凹凸，最重要的是与设定的光线相一致，统一在整个光线条件下。较浅的凹凸感与高光的表现有时会产生矛盾，感到无所适从，这时整体的光线关系优先考虑，要明确：高光只在转折面、边、角等部位上产生。

（二）木材的表现

木材的表面特征在于木纹和色泽，这两方面又都与木材的种类有关。如柚木、胡桃木等颜色较深，枫木、榉木等较浅。木纹是木材特有的肌理，一般分山纹和直纹。

山纹的纹理高低起伏，呈弧形。直纹的纹理呈条状，此外还有一类木材，如珍珠木等是特殊的点状纹理。木材的表现主要是固有色和木纹，固有色以米黄、淡黄、浅棕色、深

木材的表现（手绘）

付晶

棕色为主。木纹色彩略深,一般为同类色系。山纹的表现以徒手画为主,可用彩色铅笔或色粉擦画,直纹的表现以"枯笔"拉线的方式来画,具体表现方法有如下几种:

木材在油漆后有一定的反光效果,可以像表现亚光喷漆一样处理。

木材的应用主要是家具,以平面(长方体)为主,也有少量的曲面木质产品,如木梳、木碗、木瓢等。曲面的木质产品一般是手绘山纹。有的产品在局部使用木材,如灯具、音响等,作画时,需要遮挡,局部刻画。画木质产品的明暗,一般在画固有色时就表现出来。画木纹时,受光部与背光部略有明暗差异。

(三)底色高光画法(刷底)

底色高光画法是借用底色来塑造产品形体的一种技法,它是相对白底而言的,底色高光画法关键是对底的制作和利用。

对底色高光画法的界定有两大要点,一是有背景(底色),二是产品最大限度地利用了背景色来作固有色。如果产品本身的作画没有利用底色,与底色颜色分离,那就成了剪贴法而不是底色高光画法。

底色高光画法把画面的底作为产品的基本色,暗部用深色加深,亮部用高光提亮,以此来塑造产品的体积感。这省去了我们画产品受光面,只提高光,画暗部用笔也较为简略,是效果图表现最常见的方法之一。底色高光有背景、有气氛,能表现出效果图简洁、爽快的特点,但这种方法最大的弱点是表现产品的体积感略显不

足,远看效果很容易与背景相融,这也是我们在学习中需要注意的。

这周所讲的底色高光画法的"底"是靠笔触刷出来的,笔触的方向不定(但不可呈十字交叉),基本上是全画面刷满,靠笔触自然地覆盖和渗透,形成生动活泼的效果,用笔不可停顿,要有连续性,一气呵成。

底色的深浅一般都以产品固有色为依据,画白色浅色产品一般不用底色高光表现,否则提高光不明显。提高光是该画法的最重要步骤,一定要有不同程度的明暗层次,这样表现才充分。

这种画法一般都要画投影,它能明显地增强产品的体积感。

底色高光画法

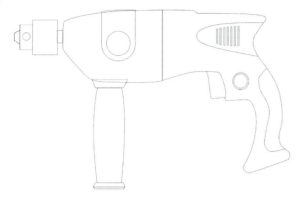

步骤1

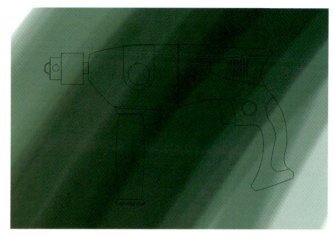

步骤2

下面我们以底色高光法完成一个带倒角的电钻效果图。

（四）电钻的表现

与视图表现的方法一样，对光线的规定都是左上方，阴影都在右下方，由于利用了笔触底图，所以中间的色调都不须再画。基本上是受光部分提亮，背光部分压暗，与手绘的"底色高光画法"一样。

（1）在一个透明图层中，用PS中的路径工具描出产品的外轮廓线。

（2）开一个新图层，置于

步骤3

轮廓线图层的下面，选用画笔工具，调大画笔主直径的数值，笔触的硬度为中间值，这样画出的笔触有"排笔"的感觉。选择颜色为深绿色。用鼠标快速移动，"刷"出深绿色的笔触作底。笔触方向一致，略有变化。

（3）在轮廓线图层中选取产品的相应部位，然后新开一个图层，用渐变工具和画笔工具在该图层上绘制出产品的受光部分和背景部分。为了使产品各部件之间绘制时不受影响，常常要返回到轮廓层中选取相应区域再切换到绘图层进行绘制。

（4）用黑色画出排气孔和手柄橡胶。

步骤4

步骤5

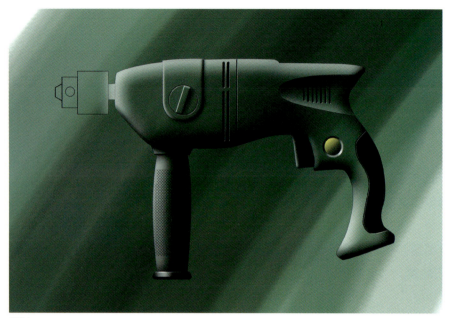

步骤6

步骤7

（5）画上黄色按键和扳机，在前手柄上贴上防滑纹理。

（6）补充画完按钮等细节。新开一个图层画各部分的高光细节，将高光的转折部分提亮，这样电钻的主体基本完成。下面绘制钻头部分。

（7）钻头的材质是光泽金属，所以我们采用场景反射的画法，加强"场景天际线"的对比。

（8）补充完成剩余的细节。最后，用硬度为零的画笔和白

色，在形体的转折处和凸出的部位点上高光点。这样画面较为有神。

在完成效果图后，如果对色彩不满，需要调整，可选中底色层进行色彩变化，因亮部和暗部基本以黑白单色完成，所以调整底色并不会造成色调上的冲突。

许多同学在提高光时，很容易失去层次感，高光提得过量，这样不但倒角的感觉没有，高光也显得"浮"于表面，脱离画面的整体感。

步骤8

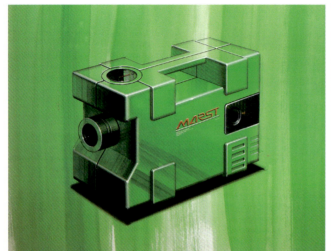

倒角／底色高光画法效果图（手绘）

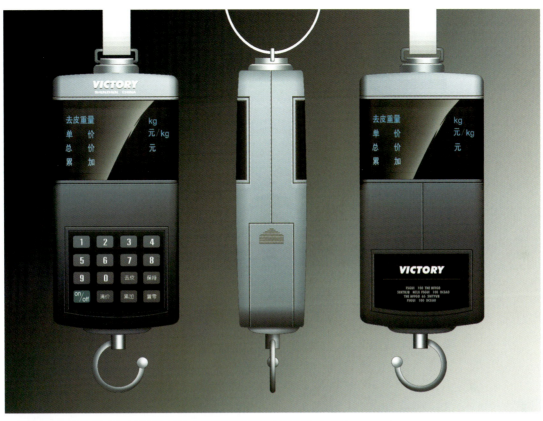

倒角／底色高光画法效果图（PS）

底色高光画法效果图（PS）　　陈志梁

图示表达　形体、材质、技法表现训练

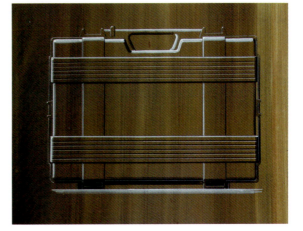

倒角／底色高光画法效果图（手绘）

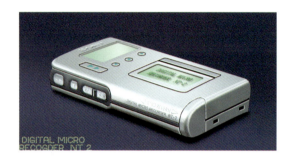

倒角/底色高光画法效果图（PS）

图示表达 形体、材质、技法表现训练

底色高光画法效果图（手绘）

训练五：
组合形、装饰图文·橡胶、皮革、纺织物·色纸高光画法

要求与提示：

（1）画一幅以橡胶、皮革或纺织物为主要材质的产品，如：皮质箱包或皮质办公椅、布艺沙发、鞋等。

（2）用色纸高光画法完成一幅效果图，产品不限。

课时：8

（一）组合形、装饰图文的表现

在前面的四个训练课题中我们已将产品常见的基本形体作了详细介绍，这周我们把它综合起来，探讨一下组合形体的表现。现实中，单纯由一个几何体构成的产品几乎不存在，一般都由多种形体组合而成。形体的组合牵涉到形体的结构，即形与形的组合关系。形体组合中结构表现的关键则是相贯线。相贯线是形体与形体相交的界线。相贯线的形状直接反映出形体的特征及相互间的关系。因此准确画出相贯线的位置非常重要。相互组合的形体必然产生各种穿插、遮挡、覆盖的关系，必然产生光影的投射关系，没有投影关系，形

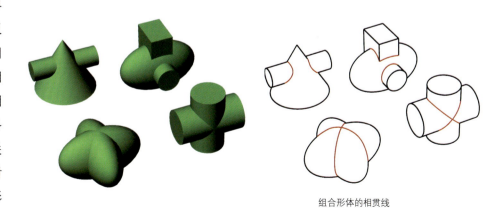

组合形体的相贯线

体间会很孤立。而效果图在表达时一般设定为柔和的散射光，所以这种阴影要以柔和渐变的方式来表现。通常情况下，我们在形体的相交部分以带渐变的笔触来表现投影，这样既能表现出组合形体的结构关系，又省去了求透视阴影的麻烦。PS中也就是拉渐变。

　　用这种方法就可拉开前后形体间的空间关系。此外画组合形体一定要做到光线方向和投影方向整体统一。

用渐变拉开形体的空间关系

装饰图形及文字

产品的细节包括了商标图形、型号说明、按钮标志、文字及警告、提示标志等,没有标志和文字的产品感觉是半成品,不完整,一般的标志文字是在效果图完成后再来添加。这些细节要一丝不苟地完成,文字太小可用整齐的点来表示,有的产品文字甚至是产品的点睛之处。

对于有纹样装饰的产品,则图案的刻画是不可避免的,刻画时还要注意明暗的变化,使之有附着感。一些产品的图案则可用虚化的方法表现,如轮胎的纹理可在受光部分着力刻画,背光面则虚隐掉,效果更佳。

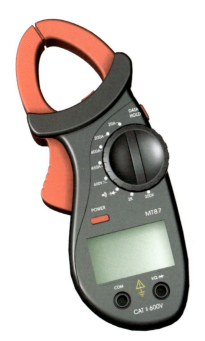

产品中的文字表现　　　　　　　　　　　　　　　　轮胎的纹理表现

（二）橡胶、皮革、纺织物表现

这几种材质在产品设计中主要应用于鞋帽、箱包、服装行业，它们的共同表面特征都是非光泽性的亚光，甚至不反光，显示出的明暗关系都是弱对比，没有明显的反光和高光，和粗糙的亚光材质类似，它们都可以被加工成任意的色彩。橡胶主要靠模具成型，因此可塑性很强，皮革和纺织物一般都是柔软的面材，表面有自然的纹理，它们靠粘贴、缝合来造型。

在表现橡胶制品时，须把握固有色、弱对比这两个因素，如鞋底、汽车轮胎、各种家具、橡胶滚轮、产品防振部件、防滑把手、手柄等。塑胶材质与橡胶材质表面属性和表现方法相同。

皮革和纺织品的表现，可以用带皮纹的纸张作底来画，这样有天然皮革感觉，纺织品则可用一些现成的布料来作画，纹理真实，有特殊的效果，但这种表现有较大的局限性，不是主流的表现方法。我们在用一般纸张作画时，主要是通过它的缝制工艺——针缝来表达。把产品的针脚线缝画出后，皮革、纺织品的感觉自然会出来。

在一些箱包、沙发、布艺产品的表现中，这是最常见的表现方法。

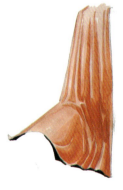

皮革、橡胶、纺织物的表现

在PS中一般直接用纹理图片来贴图，再施以明暗来表现。可以理解为纹理图片上的底色高光画法。

（三）色纸高光画法

色纸高光画法

这里我们将高光画法分为了底色高光和色纸高光两种画法，这两种画法就其本质来说是一样的，都是充分利用底的色调、质感作为产品中间色调部分，然后把亮部提亮，暗部加深，以此来塑造形体。它们的差异主要是作画的方式不同，底色高光画法一般是在电脑中完成，色纸高光则是手绘完成。

色纸高光画法是用现成的色纸作底，所表现的产品固有色与色纸相同，并利用色纸的色调作为产品一部分的表现方法，一般用马克笔、色粉、彩色铅笔或少量透明水色、水粉来完成。其方法简单易行，是现在沿袭下来的为数不多的传统技法。

黑卡纸高光画法

色纸高光法采用的色纸一般为现成品，各种颜色、各种纹理的都有，常用的是黑卡、灰卡、各种色卡、牛皮纸、包装纸等较厚的纸张。

色纸不同于用水粉、水彩刷出的底色，它可以反复用笔而不泛色，在技巧上更容易掌握。今天我们要学习的是在黑色卡纸上用少量水粉和彩色铅笔表现黑色照相机。

色纸高光画法的工具

步骤1

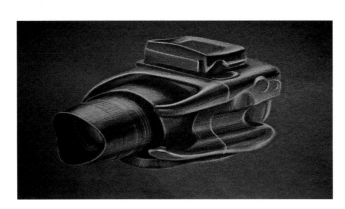

步骤2

照相机的作画步骤

(1)在黑卡纸上用铅笔直接起稿,黑卡能掩盖铅笔稿的废线条,故不必担心影响画面的整洁,画面中的铅笔轮廓线通过反光能分辨出来。铅笔稿完成后用毛笔调黑色水粉颜料(水分要少)画照相机最深部分。卡纸的黑色比水粉黑色要浅一个层次,这样照相机的体积就初步形成。(注:该图中的亮线为铅笔线的反光,而非白色彩铅所绘)

(2)用白色彩色铅笔画照相机的受光部分,掌握好用力的大小,可控制彩色铅笔的亮度(这很像画素描)。然后用浅蓝色彩色铅笔画照相机的暗部反光,使用颜色可活跃画面,使产品的表现更真实而不像是黑白画,照相机的整体都是曲线造型,彩色铅笔不产生笔触,因此能将产品的曲面表现得很自然。

(3)用椭圆板、曲线板、彩色铅笔刻画镜头及机身的细部,按上周所学习的提高光的方法用水粉白画高光部分,充分表现出高光的层次。水粉所画的高光比彩色铅笔所画的要细腻、光挺,因此在刻画线缝及清晰的高光面时要用水粉来表现。镜头上的防滑纹理只需在受光部分描绘,在背光部分逐渐消隐,这样既省时省力,又有虚实节奏感。在刻画细部时可用黑色绘图笔配合使用,覆盖较为毛糙的白色部分,高光画完后,补充文字细节,最后用橡皮擦擦去多余的铅笔轮廓线即可。

色纸高光画法用于表现眼镜等玻璃制品,能取得很好的表现效果。

步骤3

图示表达 形体、材质、技法表现训练

色纸高光画法效果图

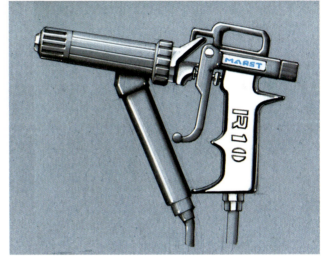

色纸高光画法效果图

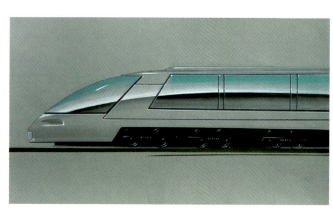

色纸高光画法效果图

图示表达　形体、材质、技法表现训练

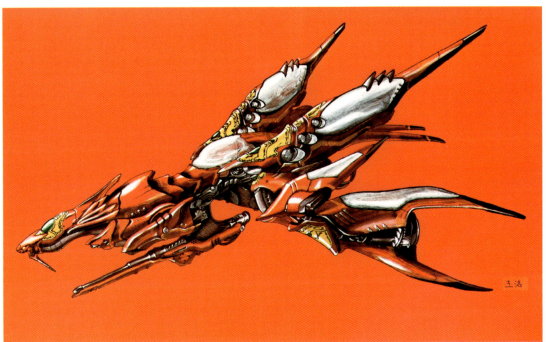

色纸高光画法效果图

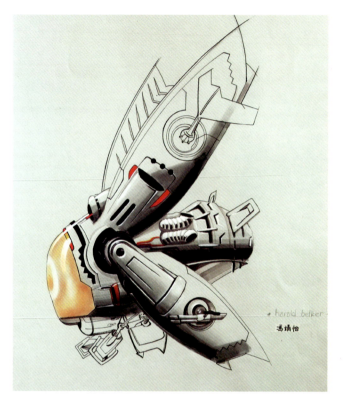

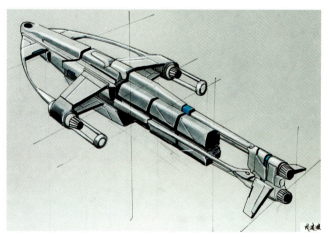
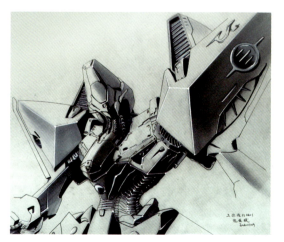

色纸高光画法效果图

图示表达　形体、材质、技法表现训练

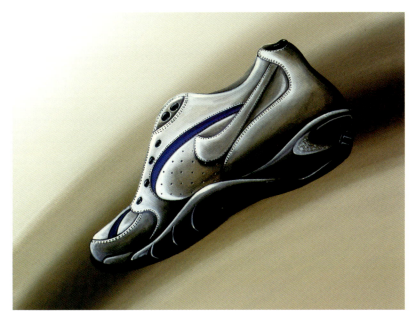

学　生：齐瑞
指导老师：彭韧

橡胶、皮革的表现

113

训练六：
自然景物、参照物·石材·效果图综合表现

要求与提示：

（1）自己设计一个以石材为桌面的茶几，并用石材表现的方法绘制出来。

（2）用带环境的底色高光画法表现一个交通工具或机器人角色形象。

课时：8

（一）自然物、参照物的表现

我们这周所训练的形体表现已不是产品本身的形体，而是学习效果图中用作背景的自然景物和参照物的表现。自然景物主要指山、水、树木、云层等。参照物则主要指人体及人体的头、手、脚等与产品使用相关的部位或与所表现的产品相配合的其他产品，如鼠标与鼠标垫、门把手与门、水龙头与水池等。

自然景物在效果图中是用作背景来衬托产品的，表现时要进行虚化和弱化处理，不能太清晰、太具体，就像摄影中用大光圈、小景深拍照一样。背景模糊了才能将产品更精致地体现出来，所以产品效果图的自然景物表现不能像风景写生那样画，应该尽量隐藏笔触。

自然景物在表现时可以用湿画法，使颜色自然渗透，消隐笔触，即用大量的水刷湿纸面，将颜色滴在纸面上让它自然渗透并朝一个方向流淌，产生自然肌理的画面，获得生动的自然景观效果，这在表现云层、丛林等景物方面特别有效。

自然景物也可以通过概括性的大笔触来表现。

参照物是为了体现出尺度感和状态感而表现的辅助物品，一般也要进行刻画，只是笔墨可少一些，不能进行重点刻画，有时只需画出外轮廓而不必填充

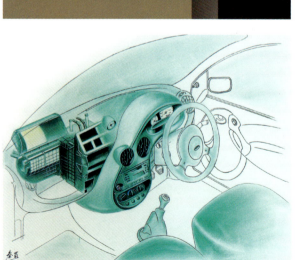

产品的使用状态和各种环境效果的表现

色彩。

以人体作参照物的产品更多的是在快速表现中应用,这里就略过。

(二)石材表现

石材的种类很多,有天然石材和人工合成石材。从表面特征看主要有纹理清晰漂亮的大理石、点状结晶效果的花岗石、毛面的火烧板、表面粗糙的毛石,以及各种仿天然效果的人造石等。

这些石材一般都用于建筑装饰,在产品上除工艺品外常见于家具中的台面、桌面,这些面又都以图案精美的大理石居多,所以我们这里就只讨论大理石的画法。

产品用的大理石是经过机器切割、抛光后,形成一个非常光洁的表面,同时能清晰显示出其内在纹理的板材。大理石的纹理呈不规则状,有深浅不同的颜色,概括起来是固有色和纹理色(和前面木材相似)。表现时先画底色,再画石纹,石纹的纹理分布要不规则才自然。

大理石是光泽性表面,在画完石纹后要画上深浅不同的反光笔触,这样大理石才有光亮感。

石材与石材产品的表现

步骤1

（三）效果图的综合表现

前面我们介绍了几种电脑及手工绘制效果图的方法，在实际的应用中，产品的造型和材质是千变万化的，因此这些方法不是孤立的，而是要根据实际情况灵活处理、综合应用。

下面绘制的汽车示例，就是各种技法综合运用的典型。其中包含了金属、喷漆、皮革、橡胶、玻璃、塑料等材质，造型也涵盖了平面、柱面、曲面、倒角等多种形态特征。

1. 汽车的效果图表现

（1）选手工画一幅汽车设计草图，将其扫描进入电脑。

（2）将扫描图作底，新开一个图层（轮廓），用路径描边工具画出轮廓线。

（3）删除草图图层，这样留下的轮廓就是一幅汽车的白描图。

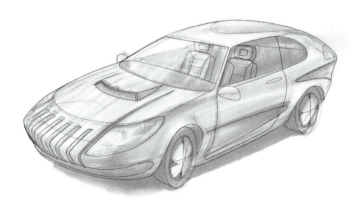

步骤2

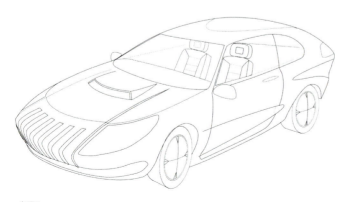

步骤3

（4）新开一个绘画图层，根据汽车的受光关系，用画笔工具（调大笔触主直径，硬度调为零），依次画出汽车的顶面、前面和侧面，并注意表现出车身转折的弧面过渡关系。每个面的绘制都力求统一中有变化。

（5）在轮廓层中选中背景，在绘画层中删除背景部分，这样得到了一个有三维立体感的汽车基本形。

（6）选中汽车的深色部分，用画笔工具将其加深，汽车的玻璃部分暂时忽略。

步骤4

步骤5

步骤6

步骤7

（7）用画笔工具将灰色座椅画出，用路径描边—选中—填色的方法，画出汽车前进风口的厚度，补充画完驾驶台的弧形结构。

（8）选中车灯和轮辐，用冷灰色表现出金属感，表现车灯时注意表现车灯的结构关系及金属的反射关系，同时将反光镜、车门拉手等部件的明暗关系画出。

步骤8

（9）选中汽车的侧挡风玻璃和前挡风玻璃，新开一个画高光的图层，用渐变和画笔工具把透明度调低，对玻璃的高光进行刻画，前挡风玻璃的高光产生在两侧转折处，侧挡风玻璃则是反射场景，只需渐变画出天空部分，在天际线附近加强对比。

补充画出车轮上方的挡泥盖。

将引擎盖的线缝高光及挡风玻璃附近的高光画出。方法是：路径描边提高光后加高光的强弱处理。

步骤9

（10）用上面画高光的方法画出前进风口的高光，在转折处特别加亮。对前大灯的线缝进行刻画。

（11）画出红色尾灯，对车身、车门、轮辐的线缝和凸起进行高光描绘和处理。

对前大灯的灯罩补充上纹理。在前挡风玻璃下方画出雨刮器，最后在最下方的透明层上画出汽车的投影，并用高斯模糊使边沿虚化。

步骤10

步骤11

汽车背景用笔刷工具刷出

汽车背景用图片贴图

汽车背景用笔刷工具刷出后再用动感模糊工具处理

汽车完成后，所有透明图层可以进行合并，同时可以给汽车加背景以增加画面气氛，如添加笔触背景或图片背景，特别是笔触背景更有手绘效果图的特殊韵味。

汽车画完后，可根据需要进行色彩变化，非常方便，但尾灯及挡风玻璃因色彩的差异不参与色调的变化。可把它们分离到其他层。车身则可以通过色相调整工具使之进行颜色的变化，以下是变化后的几种色彩方案。

用色相调整工具变化出的不同颜色的汽车

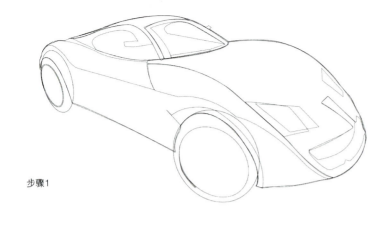

步骤1

2. 跑车效果图的表现

上个汽车的示例表现的是曲面流线型的汽车，本示例将示范一个曲面中带棱角的汽车造型。因为带有棱角，各个面的界限都比较清晰，所以不宜使用大笔触作画，而是采用逐个面的填充来绘制。

（1）用路径描边工具画出跑车的轮廓白描，并以此为底层。

（2）开新图层，选中车身填充上黄色。

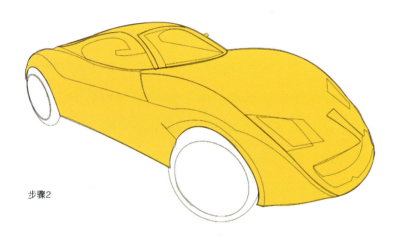

步骤2

（3）选中车的侧面用渐变工具加深。选中车身棱边所在的过渡面，用渐变工具和画笔工具提亮，并有适当的明暗变化。选中引擎盖所在的面，用渐变工具画出明暗变化。

（4）将车灯、进风口等部分用黑色加深，刻画出车灯的内部造型。将前面、侧面两个进风口附近的细节用画笔工具描绘出来，每个面根据朝向施以不同明暗。

画出后视反光镜及在车身上的倒影。

（5）将车轮填充黑色，将轮辐的内部结构简单画出。

（6）选中挡风玻璃，用蓝色调将其画出，侧挡风玻璃需表现出对场景的反射（可参考前一示例）。

在正面视图上画出轮辐的基本结构和明暗关系，然后用变换工具将其按透视关系变形后覆盖到轮辐的相应位置。放置好后再作

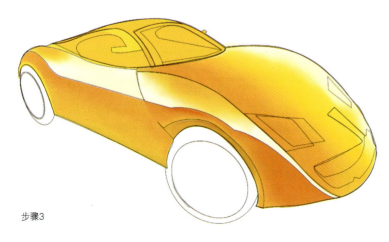

步骤3

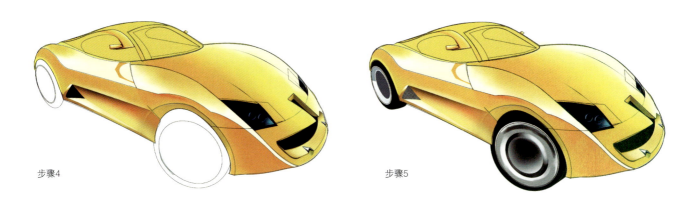

步骤4　　　　　　　　　　　　　　　步骤5

步骤6

图示表达　形体、材质、技法表现训练

步骤7

适当的修整,增加厚度和高光。

(7)以同样方法完成后轮的绘制。

(8)在底层中删除轮廓线,并画出跑车的投影,并对部分小细节进行补充、修饰即可。本示例作者:王晓霞。

步骤8

图示表达 形体、材质、技法表现训练

带环境表现的效果图

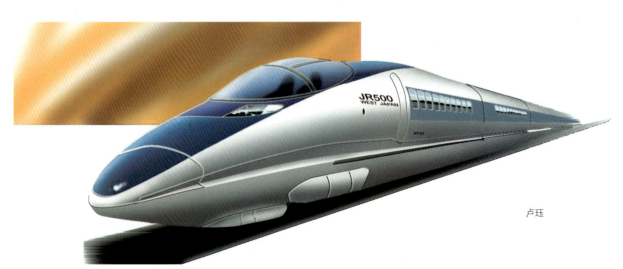

卢珏

带环境表现的效果图（PS）

图示表达 形体、材质、技法表现训练

带环境表现的效果图

129

带环境表现的效果图

图示表达 形体、材质、技法表现训练

柯泓昊
3001111012

带环境表现的效果图

第四部分　设计创意与快速表现

一、艺术创造思维与快速表现

二、图示设计符号

三、快速表现技法

要求与提示：

- 用A4复印纸画5张设计速写，图的大小和数量不限，画满为止，必须使用两种以上的快速表现技法。
- 在4开白卡纸上用马克笔画法完成多个产品的快速表现，并配合图解符号说明产品的部分功能和结构。

课时：8

学习了上面六种传统的效果图表现技法，我们对设计深入表现的全貌有了完整的认识和理解。以上知识对我们本周要学习的快速表现非常关键，特别是形体表现、材质表现对快速表现具有重要指导意义。

快速表现与设计思维是密切相关的，而设计思维与艺术创造思维却有许多共同之处。

一、艺术创造思维与快速表现

绘画艺术是形象思维艺术，绘画中的艺术创作方式尽管和效果图表现关系不大，但在草图表现阶段，却能为设计思维所借鉴。图示设计在研究表现方法的同时，也关注形象思维与图形表达的关系。严格地说，思维和表现是两个相互独立的系统，只在形象思维和形象表现方面二者才有关联性。

形象符号是记录思维过程的，记录的符号则可以唤起思维想象。在形象思维中，能触发我们的形象创意的原动力可以是自然和情感，也可以是现实中的其他形象信息（如信手的涂鸦、各种艺术形式的作品、具有形态魅力的产品等）。大自然的奇妙蕴藏了无数的生命力和美感，设计师需要有一双智慧的眼睛去发现，花草树木间的对称、平衡、穿插；起伏山峦的节奏；动物奔跑形成的动势；惊涛拍岸的壮阔；海螺的回旋韵律；精致的蜂巢结构……无处不散发着迷人的魅力。现实的产品中，越野车的狂放，跑车的锐利，轿车的饱满，卡车的雄健，都将其自身的形态个性彰显无遗。这些形象，或形态上，或色彩上，或肌理上，或秩序上都拨动人的情感，激发着人的想象。

提炼动作的美感特征元素

人的联想是有指向性的，当抽象的概念传递到大脑中时，往往会有与之相对应的视觉形象闪现。我们在设计中首要的任务就是及时捕捉这种心灵感受，提炼出其精神特质，为后续的设计提供依据。形象特征是靠观察体验得到的，当触动我们的原形物，以特征方式闪现出来时，它可能是一个模糊的符号、形象，或几根线，或几个点，或一种组织秩序，感受并记录了这些特征，它就成为了我们造型的构成元素，有了它，形态创造就有了良好的开端。

事物强烈的形象特征往往是隐含在事物内部的，是要用心去体验、去观察、去发现、去捕捉的。这就是一种洞察力和感知力。而洞察力和感知力的驱动则是自己的情感、理念、主张和追求。有了这种特征感受，再通过形象符号的表达形成造型的特征元素，草图表现的关键和难点也正在于此，这时的草图表现是记录性的心象性草图、记忆性草图、观念性草图。也可以有提示性的关键词描述、符号特征记录。这种以艺术创作的方式来进行产品形态创造的方法是产品造型设计的重要途径，也是一种造型基本功。

有了心象性草图作基础，下一步就是将它进行梳理、发展，再与

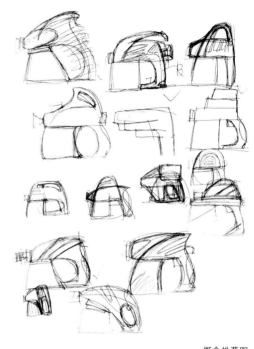

概念性草图

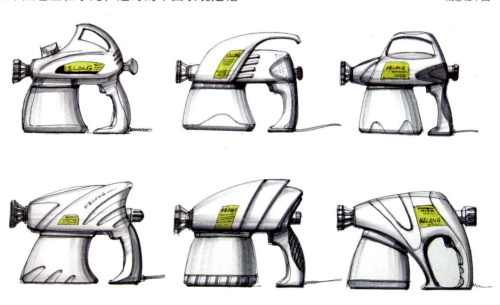

表现性草图

产品的基本功能和布局相结合，将提炼出的特征注入产品中，体现产品的造型魅力。这时表现手段常用概念草图、概略草模来表达。

产品不仅仅是艺术品，产品的核心价值在于对功能的开发和对现实问题的解决，这取决于我们对市场的研究和把握；取决于对产品设计定位的思考；取决于对产品要素的掌控和解决问题的智慧，这是创新设计的方法与实践问题，在这里不作展开。我们要重点关注的是形象思维（视觉思维）与表现的关系。

二、图示设计符号

无论是思维的哪个阶段，表现都离不开图形符号。它就像语言的词汇元素，可更直观地说明问题。其中有许多用于分析、评价的关系图表、要素相关图表、相关网图表、指标评价图等。

它们属图表类的表达，反映了一种思维的方式和结果，在草图表达中，许多辅助性符号是重要组成部分，在体现思维对象的关系上，起着关键的图解作用：

（1）箭头：代表物体运动的方向和趋势，立体的箭头能表示出动作的转换，有时需要配合文字说明。

（2）线条：实线、虚线、点画线、中轴线、波浪线、等参线，与工程图学中的用法一致。

（3）注解符号：旁白解释设计对象。

常用图示符号

（4）流程、交互、因果逻辑关系图：交集关系、包容、围合、组合、共同作用、递增递减、发散、集中、排斥、吸引、转换、升降、循环等。

（5）判断符号：对设计对象进行评价的符号。

（6）重点、强调符号：加粗、下划线、波浪线、涂颜色、重复等。

（7）现实中常见标志的借用符号。

以上的符号许多是常用图文编辑符号被直接引用，还有的直接沿袭了工程制图的规则，如尺寸标注、视图表达、线型的规定等。符号总有二义性，在不同的情景下，正确地使用才能表达清晰，在画草图中我们可以不断扩充符号种类，不断挖掘新的符号元素来表达。

人的动态及肢体动作具有符号注释功能，用作参照物，注解使用状态及产品尺度。是图示设计的一部分。

对设计而言最重要的符号是思维的形象特征符号。获取它是形态设计的关键。由特征符号发展为产品概念草图的过程是个创造过程，也是思维想象过程。把符号特征分配给产品，使产品形象带有符号特征的感觉是设计的难点。

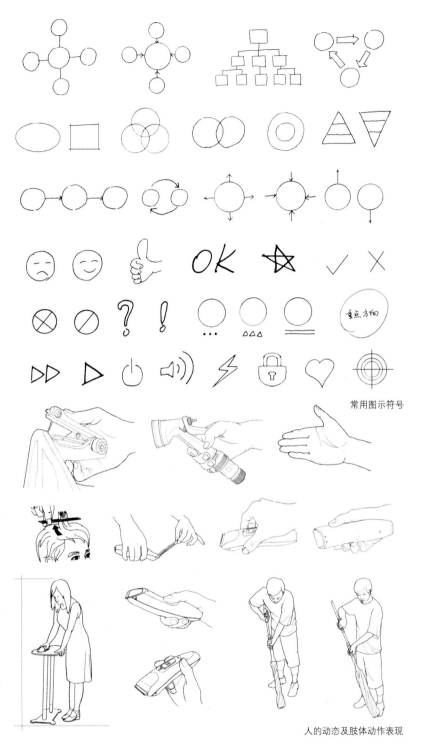

常用图示符号

人的动态及肢体动作表现

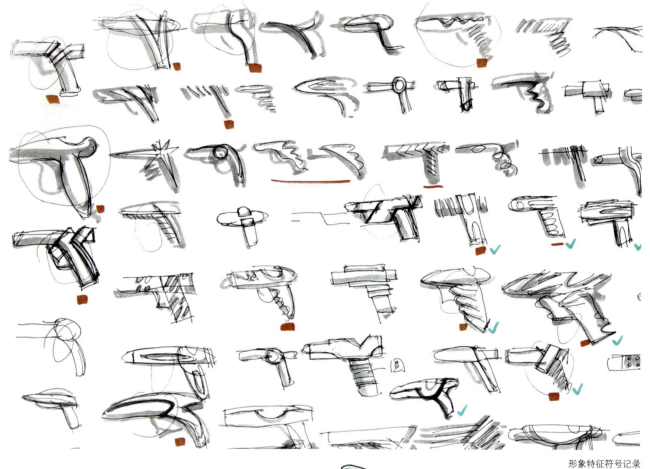

形象特征符号记录

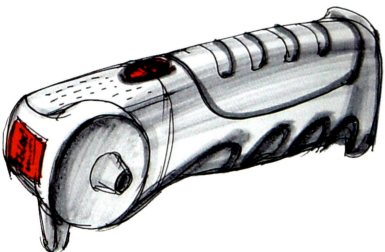

这需要反复想象、组织、重构,需要对特征进行夸张、变形、取舍。同时还须将它融入到产品的功能、结构和形态中,而不是生硬地拼凑。对符号元素的加工和使用,会逐渐形成一种造型的手法,在其他产品中也能加以应用。当然这种符号化的造型手法在产品造型中是典型的但不是唯一的。

三、快速表现技法

下面我们来具体学习用于表现思考过程的快速表现画法。快速表现与效果图的差别是个"快"字，快在步骤的省略、细节的精简、用笔的随意和工具的简单。因此，快速表现的核心是一个"省"字，省笔墨、省工具、省步骤、省细节刻画、省工序。快速表现是不裱纸的，对作画的纸张没有特别要求，能画就行，常用80 g的A4复印纸作画，半透明的特性可随意蒙画拷贝方案图。在工具使用上也以简便快捷为准，概念性、推理性的草图一般不使用工具、仪器。完善方案时可适当使用。

常见的快速表现形式有以下几种。

1. 线描画法

线描（速写、徒手画）是以钢笔、签字笔、绘图笔为主要工具来作画。重点描绘产品的外轮廓、基本结构和细节，不施明暗和色彩。

2. 明暗速写画法

略施明暗的快速画法，以铅笔、炭笔为主要工具。

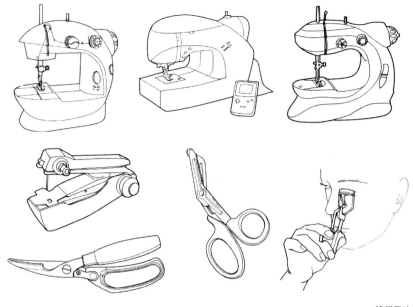

线描画法

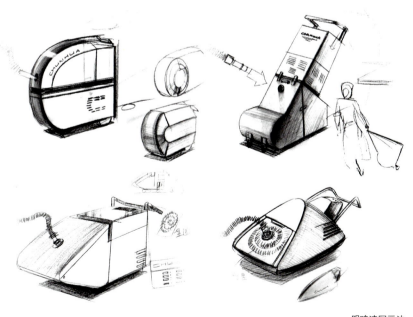

明暗速写画法

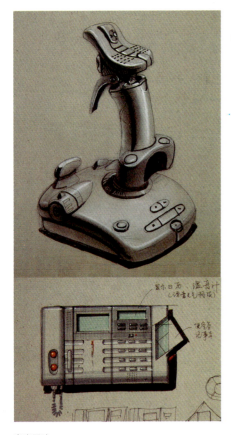

3. 高光画法

用彩色铅笔、马克笔画明暗和色彩，绘图笔、签字笔画轮廓线，是色纸高光的简略画法。

4. 马克笔画法

这是最为常用，能被大多数设计师接受和喜爱的快速表现，带有简单的明暗和色彩关系，没有高光，徒手表现。通常用一个色系的马克笔来画，在局部可配合彩色铅笔或色粉，很有表现力。下面我们就马克笔画法作详细说明。

高光画法　　　马克笔画法

（1）用0.1的绘图笔徒手画出设计方案的外形轮廓。快速表现的画幅不宜过大，每个图约香烟盒大小为宜。线条可重复，可交叉，但要肯定，不要反复太多。

（2）用深灰色马克笔画物体的明暗交界线，用浅一层次的灰色马克笔作适当的过渡。

（3）用浅灰色马克笔画亮部的结构细节。必要时可在明暗交界线附近再过渡一个层次。

（4）补充细节，如有其他色彩则用其固有色完成。

如果要表现更快速的草图，则可省略明暗层次。

草图是不画背景的，有时为了调整形体，需要将外形的一部分压缩，我们可用一个黑色块来覆盖，这样看起来

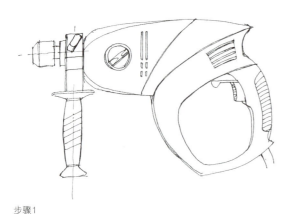

步骤1

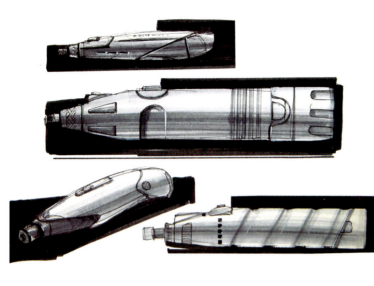

步骤2

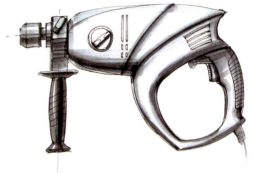

步骤3

步骤4

像是背景。一般情况是留白，如上图所示。

快速表现在表现形体时都依靠在效果图表现时得到的对形体的理解来进行。如果我们把效果图看做是一幅完整的层次丰富的照片，那么快速表现好比是照片显影的初期阶段，除明暗交界线附近，其他层次都是白的。这样的效果也能基本体现出产品的形体感。效果图是快速表现的基础。

快速表现的其他画法都较为简单，这里不再重复了。快速表现的方法说得再多，都要靠勤于动笔才能提高，任何技巧都是练出来的。本人碰到过几个画草图的高手，而这几个人几乎都画过动漫，正是成千上万幅动漫绘画成就了他们熟练的表现技巧。掌握了方法后，勤奋是第一位的。

学习表现技巧就像说外语一样，开始总是表达远远滞后于思维，当熟练到一定程度后，思维与表达会接近于同步，那时我们会沉浸于思考的乐趣中，而逐渐忘却了技巧本身，这种笔人合一的境界，就是设计表达的最高境界了。

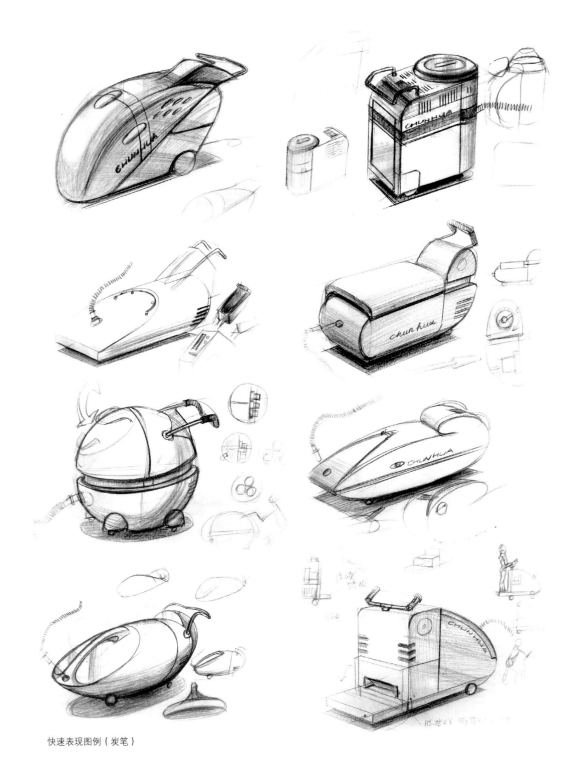

快速表现图例（炭笔）

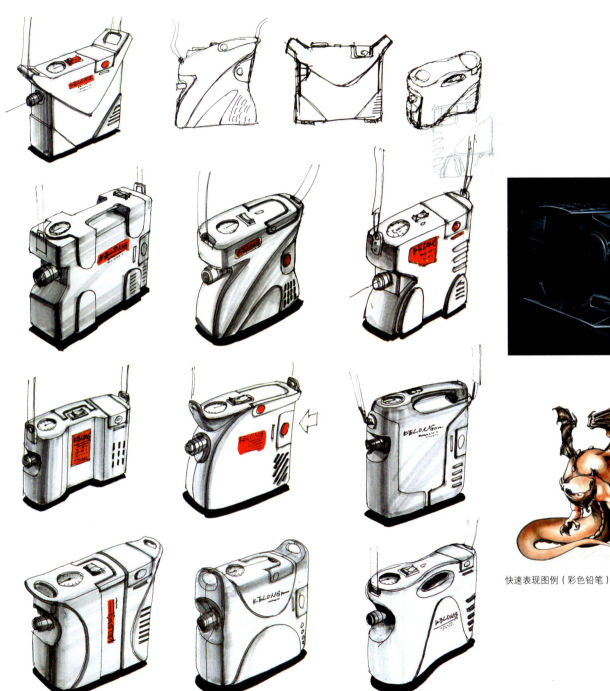

快速表现图例（彩色铅笔）

快速表现图例（马克笔）

图示表达　设计创意与快速表现

143

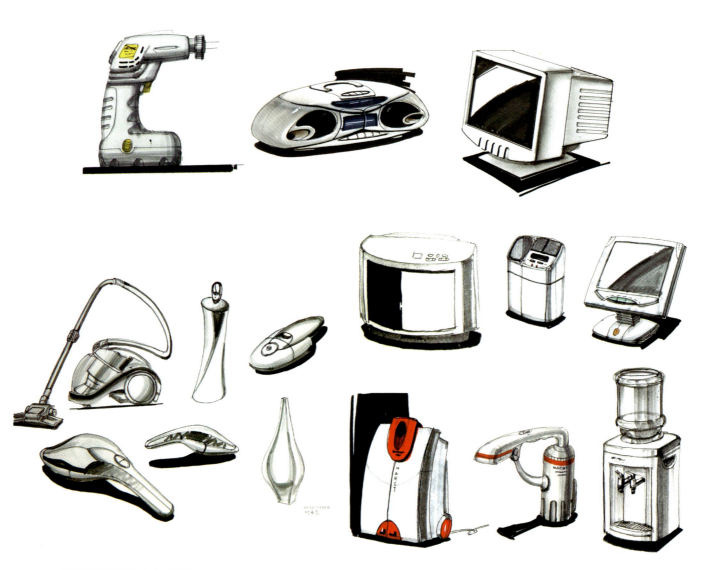

快速表现图例（学生作业／马克笔）

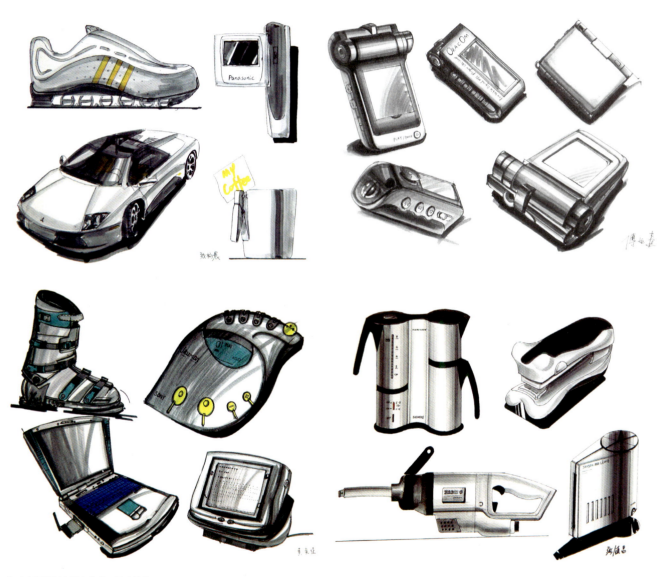

快速表现图例（学生作业／马克笔）

图示表达　设计创意与快速表现

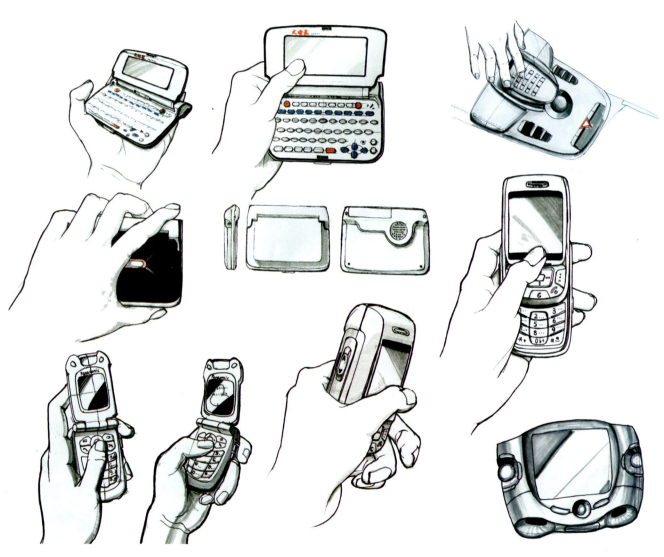

快速表现图例(学生作业/马克笔)

快速表现图例（学生作业／马克笔）

图示表达　设计创意与快速表现

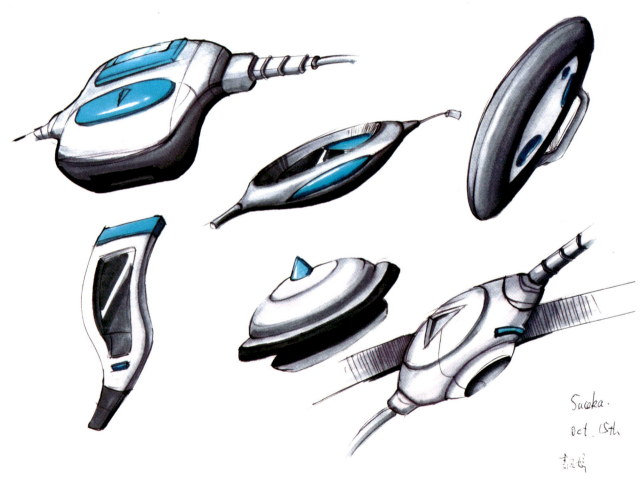

快速表现图例（学生作业／马克笔）

图示表达　设计创意与快速表现

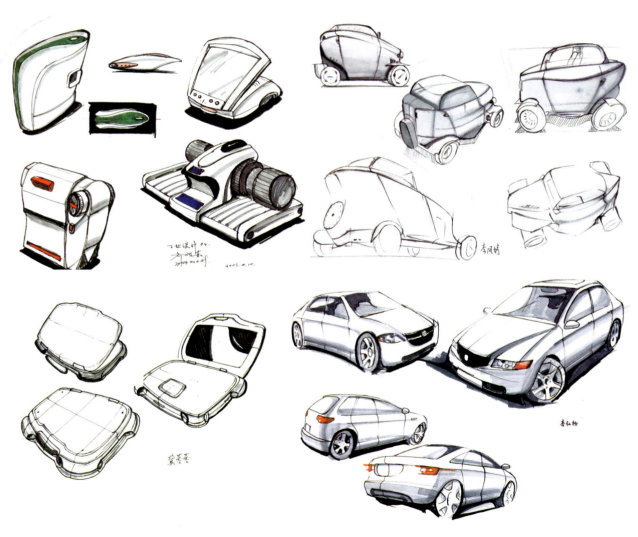

快速表现图例（学生作业／马克笔）

快速表现图例（学生作业／马克笔）

图示表达　设计创意与快速表现

快速表现图例（学生作业／马克笔）

快速表现图例(学生作业/马克笔、色粉)

后 记

许多人都把吃饱肚子的最后一个馒头当作最有用的馒头，这话用在快速表现上还真是挺合适。

当效果图课上完后，一些传统的技法也许会用得很少了，而伴随我们一生设计的就是快速表现。平面的ＰＳ画法将会取代色粉技法更适合于设计的表达，或许电脑技术能让我们面对屏幕能像面对纸张那么从容、自如、随心所欲，那么传统手工的快速表现也将会成为历史，就像电脑打字代替了写字一样，也许一切手工的绘画都将成为一门艺术。

本书内容是在本人2000年出版的《日用工业品设计初步》及2006年出版的《图示设计》的基础上重新写就的，部分图例选用了原书的内容示例，作者包括卢艺舟、卢文英、蒋侃、秦茵、汪颖等。在本书的编写过程中，得到了郑玉珊老师的鼎力相助和大力支持。

感谢浙江大学从1990级到2005级工业设计专业的同学，书中有许多都是他们的作品。有的作品因为没有留下名字，我都不清楚是谁的，也无法署名，这里深表歉意。

彭韧

2009年9月

pengren@zju.edu.cn